SMART

The **DOG**
OWNER'S Handbook

養狗寶典

The **DOG**
OWNER'S Handbook

SMART
養狗寶典

葛拉漢・米道斯、艾爾莎・弗林特◎合著

陳文裕◎譯

推薦序

　　《Smart 養狗寶典》這本書是由葛拉漢・米道斯（Graham Meadows）和艾爾莎・弗林特（Elsa Flint）兩位獸醫師累積多年的行醫經驗撰寫而成，書中充滿吸引人的內容以及豐富翔實的資料，可說是現代狗主人必備的完美指南。

　　本書內容分成四大部分：一是養狗的基本知識；其中包括對狗的品種與來歷的認識，人狗之間的相處與照顧方法等等。二是給予狗兒均衡的

營養；雖然坊間可以買到方便的狗罐頭，但是您也可以親自料理牠們喜歡且營養均衡的餐食，讓狗兒大快朵頤。三是狗兒的行為；在第五至第七章的三個章節中，探討許多相當專業的問題，不僅養狗者要具備對狗兒行為的基本素養，還要在飼養的過程中身體力行，從小開始訓練，藉以誘發狗兒良好習性和狗格。基於這一點，台大附設動物醫院自九十二年起開始招收「狗狗親子教室

幼幼班」學員，每個月一期，每期上八節課，訓練期滿考試及格才發給結業證書。四是狗兒的疾病與健康問題；狗兒的疾病問題可以交給專業的獸醫師處理，但平時的保健則是飼養者的責任，如果養狗者擁有豐富的保健與疾病知識，對心愛的伴侶狗兒的健康將有加分作用。狗兒年老之後，毛病會越來越多，但只要平時保健做的好，到了老年仍然可以像一條活龍。最後，如果您喜歡養母狗來繁殖，請好好參閱第八章，以迎接家庭新寵兒的到來。

總之，養狗的樂趣很多，也可以從養狗的過程中培養孩子的愛心與人際關係。現在台灣已步入高齡社會，但隨著家庭結構的改變，老年人如有伴侶動物陪伴，將可彌補無孫兒在旁的缺憾。

這本《Smart 養狗寶典》的英文版是由國立台灣大學獸醫學系畢業的高材生陳文裕送來給我看的，當時我就鼓勵陳醫師利用看病的餘暇，把它翻譯成中文，以方便大家的閱讀。如今陳醫師果然辦到了，而且內容忠於原著，譯筆流暢，一路閱讀下來令人愛不釋手。相信對初養狗者或是養狗的先進們都會受益匪淺的。盼大家好好利用，並祝福大家：人與萬物共長久，健康平安與快樂！

中華民國獸醫學會理事長
台大農學院附設動物醫院院長
國立台灣大學受醫學系（所）教授
國立台灣大學獸醫學博士

上圖：許多狗兒經過訓練後，都有一定的特徵、且混雜著少許或完全的聰慧。這歸究於寵物主人當初在選擇所飼養的狗種時，是否考慮過能否提供適合狗兒的生活方式及環境。良好的全面性訓練，除了需要更大的空間外，還要有每天不間斷的訓練才行。

SMART The **DOG** OWNER'S Handbook

養狗寶典

目　錄

上圖：一般而言，聰明伶俐的拉布拉多犬擁有溫馴的性情、勤奮的工作和令人足以信賴等優點，這些良好的特質使得牠們適合被訓練成為導盲犬。

前　言
人類與狗兒的關係

這些年來狗兒並沒有改變——改變的唯有人類。就在不久以前，狗兒還被視為「家具的一部分」。而今日牠們卻是家中活躍的一份子、最好的夥伴、肯傾聽的朋友以及有力的幫手。

自從狗兒第一次進入人們的家中時，情感就在我們與牠們之間扮演了重要的角色。以我在獸醫臨床工作上30年的經驗來看，情感正是讓我們與狗兒的關係更複雜更融合的重要的關鍵，而這個關鍵也將會日益重要。不過我們卻常常誤會了這樣的情感。以下容我解釋清楚。

我相信狗兒跟人類可以分享相同的情感。高興、害怕、平靜、不安、滿足、憤怒甚至是愛都是狗兒能與我們分享的情感。

但是你的狗兒並不可能了解你所說的每一句話。不過牠可以認識特定的一段句子，以及可以由你語氣中的抑揚頓挫來判定你的心情好壞。狗兒也可以了解你所表達的肢體語言，但是牠們並不真的了解我們所說的語言。所以當我們以家中的一份子來承認牠們時，我們會想把牠們當作一個人來看待並且照著這個想法去做。正是這樣我們常因此對牠們賦予太高的期望。

對狗兒的情感同樣的在開創一個新的獸醫看護上的新領域——老年醫學——扮演了一個重要的角色。而這領域正與遺傳醫學一樣，都可以說是獸醫學上的新生嫩芽。在一些年老有關的行為異常如失去方向感、關節疼痛以及尿失禁等方面，各大藥廠已經陸續的察覺到對這類藥物的強烈需求。而飼料廠商所研發的處方飼料，也可以減少老年後的心臟與腎臟的負擔。正因為我們對牠們投入的情感，我們會希望牠們能活得越久越好，而老年醫學上的進步正意味著我們現在能讓寵物們的壽命更長。

狗兒以後會變成什麼德行，牠們養成的習慣是怎麼樣，以及我們與牠們的關係都是因為「與我們生活在一起」這樣而來的。姑且先不管你與狗兒的關係，我們的狗兒需要我們給牠足夠的營養、適當的訓練、疾病的預防以及肉體和情緒上的控制。試著藉由閱讀跟學習來了解牠們。在這裡預祝你能夠像我和我的家人所得到的一樣，從你的狗伴侶身上得到更多的樂趣。

真誠的祝福
布魯斯・佛格爾（*知名寵物書作家*）

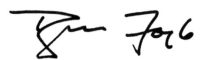

第一章

狗與人們

從野生走向馴化

如果你曾經想過阿拉斯加雪橇犬與德國狼犬為何長得如此像狼，那你已經成功的切入本主題了。雖然對於現代狗種的確實起源地以及年代仍有相當多的意見，不過確有強力的證據(DNA分析)顯示，被馴化的狼應該是牠們遠祖。

狗和狼在動物分類上面，同屬於「食肉目」的成員之一，且兩種之間有著許多相似的特性如：

- 有42顆牙齒
- 50到52節的脊椎骨（7節頸椎，13節胸椎，7節腰椎，3節薦椎，20到22尾椎）
- 呈環狀收縮的虹膜
- 具有相近的嗅覺能力
- 會發生的疾病類似
- 行為習慣相近
- 傑出的方向感
- 晝伏夜出的習慣
- 喜好挖掘的傾向
- 懷孕期大約9週
- 幼犬、幼狼均是在約2週左右睜開眼睛

狼（Canis lupus）又被稱作灰狼，只生存於北半球，但橫跨了歐洲、北美以及亞洲。生活在極北地區的狼，個體間的顏色差別頗為明顯：在同家族裡的狼可能是黑色、棕灰色，甚至白色。而生長在較溫暖區域的狼比較不具攻擊性，體型較小，被毛的顏色比較統一，通常是黃褐色或者是棕灰色，就像家犬（Canis familaris）一樣。

狼與人類

如果我們想要了解人類與狼的最初關係發展，可以從歷史上來比較牠們與人的生活方式(約在1萬5千到6萬年以前之間)，去知道狼是怎麼走向被人類馴化，成為家畜的一途。

當時的人類尚處於半游牧的狩獵──採集生活形式。他們大多群聚居住於如洞穴等天然的庇護場所中，並以攻擊方式獵取所需的食物。群體之中是由狩獵技巧或是經驗最好、足以信任的人擔任領袖。狩獵是一種主要依賴男性，而且相當需要肉體上的力量的工作；烹調食物以及照顧小孩，為女性的主要工作領域。

狼群也是由一個家族構成所延伸出去的群體一起生活，而群體中同樣由一個明顯的統治階層，

上圖：擁有一隻狗兒帶來許多治療學上的好處，不只是牠們所帶來的陪伴與快樂。狗主人通常比較少有壓力，比較少鬥爭心以及獨斷性，而且較為長命。
下圖：灰狼──許多北美狗種的祖先。

會是一隻群體的首領所領導。和人類同樣，牠們亦使用各種天然形成的洞穴等當作住所，也同樣的以攻擊的手法來狩獵取食。母狼僅負責生育以及照顧幼狼的工作，在絕大部分的時間中，牠們都是依賴群體中較強壯且有能力的公狼來保護牠們和幼狼，以及提供食物來源。

因人類和狼都屬於狩獵者，所以打獵上常成為競爭者。狼擁有敏銳的嗅覺，使牠們很輕易就可以追蹤到獵物。而人類則利用此特性，藉發現狼跟牠們所殺死的獵物，然後設法驅趕走狼群並奪走牠們的獵物。而狼也常常反過來跟蹤正在狩獵的人類，並趁機撿走一些人類所遺落的剩餘獵物。

隨著時間的過去，人類發明一種明顯較競爭者更為優勢的狩獵條件：使用原始的「武器」來使狩獵更有效率。充足且良好的食物來源，意味著較為穩定的生活方式。於是人類開始可以有較多的時間，花費在建造半永久性的居住場所上。

在挖掘出來（時間大約在3萬到6萬年前）的人類聚落中，發現過相當類似於狼的狗類骨頭。但很顯然的，牠們並不是人類的寵物，而是被居住的人類當作食物所宰殺的半野生動物。不過也有可能是被食物殘渣的味道吸引到聚落中，而被陷阱所捕捉的食腐性動物。人類聚落很有可能刺激了這類食腐動物的出現，而狼的敏銳嗅覺以及聽覺，能使牠們能夠比居住的人類更早察覺掠食者

（如獅子、熊等）的接近。

早期的人類可能利用狼的嗅覺以及狩獵能力，和牠們的敏銳感覺能力所能提供的保護，就像今日我們也運用狗的許多相同方面能力。有了這些原因，狼群也能夠因此獲得一些食物，而且持續的停留在接近人類聚落的附近，藉此得到一定程度的保護。因為大部分的大型掠食動物，並太不敢冒險接近人類所居住的聚落。

狼的馴化過程

經過了一段時間，居住於人類聚落週邊的狼群對人類的警戒心漸漸鬆懈，並且開始與人相處的越親近。在人與狗之間都發現這種自由的關係對彼此洲、亞洲以及美洲，卻都是在非常接近的年代（約1萬到1萬5千年前）中所發生的。最初，人類運用了位於他們所居住區域所產的狼的「亞種」，隨著人類的遷移而出現許多混血種。而其中4個亞

狼的支配行為以及順從行為模式

支配者行為		服從行為	
支配者姿勢	強硬、高姿態 耳朵豎起並向前 尾巴豎起向外伸	服從姿勢	蹲伏姿勢 耳朵下垂尾巴捲起 低頭 開張嘴巴(露齒笑) 舔或者伸出舌頭 注視牠時低頭並移開視線
示威	支配者會將前腳放置在被支配者的肩膀上	服從蜷曲姿勢	背部弓起並且頸部蜷曲側向一方 低頭，嘴巴張開 尾巴捲起耳朵下垂 躺在地上時四肢朝上，露出腹部區域
低頭	支配者會咬或是抓被支配者的口吻部，強迫牠低頭到地上並保持姿勢	服從坐姿	身體後仰，頭低垂到胸部，有時會伸出腳觸摸支配者以及躲避視線
站直	支配者會在躺下或是趴下的被支配者面前站的挺直		

都有共同的好處，終於這種關係漸漸的越來越親密，終於達成了整個馴養的過程。在馴化過程中，狼所擁有的一個顯著天性——對首領的服從，成為了整個過程中的重要關鍵，而人類的能力滿足了這個首領角色。如果從小即被捕捉，野生的幼狼似乎也可以聽從牠的人類主人，而被順利馴養。

狼的馴化是一個相當漸進的過程，不過在歐種的狼，對我們現代狗種的發展有著很深遠的影響。

○ 印度狼大概可以算是澳洲野犬以及亞洲野犬的祖先。其中澳洲野犬跟著人類遷徙往東方，然後因為澳洲版塊的移動而被隔離開來。

○ 由中國狼演化出來的，則有北京狗、狆、鬆獅狗等。

上圖：加拿大灰狼展示出在保護其食物時的攻擊性。

- 灰狼則是北美狗種的主要來源，例如說愛斯基摩犬以及阿拉斯加馬拉穆特。
- 歐洲狼應該是最多的主要狗種祖先，例如牧羊犬種、狐狸（博美）犬種，以及狗種中最大宗的梗犬。

各狗種的發展起源

狗種的挑選以及改良的過程，是根據人類對於食物、保護以及陪伴的需求，而持續的進行了數千年之久。狗兒有著非常敏銳的嗅覺，而且比人類快速、敏捷，所以當然人類追蹤和獵捕作為食物以及皮毛所需的動物時，他們就是非常有價值的夥伴。狗兒在監視以及守衛上也有相當的用處，可以用來殺死被食物吸引到人類居所的一些有害小動物。有些狼在某種特定工作上表現比其他的狼出色，而人類就以此選種，而漸漸發展出多樣的狗種。

在距今8千年前左右的新石器時代中，人類開始學會自行種植穀物。而同時人類也馴化了山羊、綿羊以及牛等家畜，並開始飼養，因此人類又多了一個選種的目的：放牧。

在人們選擇早期的家犬在來作為特殊目的時，其實多是不小心的選擇了一些特定的特性。這特性之中包括個性、身體形狀以及體格大小。

在選擇狗兒個性時，建議是選擇那些愛玩耍的、友善的以及對人類攻擊性較低，不過卻很快的對闖入者發出吠叫者為佳。這些特行在年輕動物身上大都是一致的，而在經過一段時間成年後，這些「幼犬的」特性也依然存在。就學術上來說，這就足以構成新品種。

在早期人類選擇不同目的所需的狗種時，常會根據幾種特定的內外在特質。其中包括體型大小、外觀以及個性。需要去獵捕一些跑得快的動物時，因為需要速度以及敏捷度，所以選擇相對

體重較輕、骨骼強健、具有長腿及柔軟的脊椎的狗。體型大、強壯的狗，則用來獵捕瞪羚等大型獵物，而較小型的則用來獵捕兔子。如果狗兒的任務是抓老鼠或是挖掘兔子的洞穴，則需要快速跟敏捷度，這時就會需要結實的身體跟短腿。

如果狗兒需要用來拖運重物，最好能強壯且耐寒，而且體型夠大到支持許多強壯的肌肉。

性格也是個很重要的因素。一隻被選擇作為守衛用的大型狗必須夠勇敢能面對侵入者，且表現出牠的攻擊性。但是同樣大型卻是用來拖拉重物的狗兒，因為牠的工作上必須經常接觸許多陌生人，所以反而要容易被信賴而且能一直維持鎮定。而一隻小型的捕鼠犬必須保持其天生敏銳的感覺，以便能夠快速的抓到這類有害動物。

早期的家犬

在世界上的各個地方，人們對他們的狗兒所要求的特性都不盡相同，而決定在環境、氣候以及人們的生活方式。住在極北地區的人會需要狗兒能夠拖拉重物，並能夠抵抗非常寒冷的天氣，而考古學家也發現在7千5百年前就有非常類似今日的愛斯基摩犬，且體重已經高達23公斤（50磅）的狗兒。牠們有著比灰狼稍短的口吻部，不過確有遺傳到和祖先相同的精力跟強壯體格。

在亞洲和歐洲，由印度狼以及歐亞狼所演化而來的狗種，也被區分成各種工作和目的（如打獵）來繁衍。靈提最早被刻畫在距今約5千年前的埃及壁畫上，隨後不久即出現較小型的獵

犬，例如今日我們所知的法老獵犬。另外一個祖先也出現在約略相同時期的現代狗種則是薩盧基犬，這是約出現於西元前兩千年，一種被法老王飼養於宮殿中的狗種，和今日的巴辛吉犬極為類似。

視覺系獵犬與嗅覺系獵犬

早期絕大多數的狗種都是獵犬，這說明了在早期育犬的主要課題，都是發展出多種適合不同狩獵目的的狗種。而發展的方向，則根據世界上不同地區人類生活方式的不同而有所改變。

在埃及，由於氣味在炎熱乾燥的沙漠上消失的很快，因此大部分早期的獵犬均有良好的視覺，以便從相當一段距離外來確認他們的獵物所在。因此發展出一系列「視覺系」的獵犬品種，諸如阿富汗犬以及薩盧基犬都是。這類型的狗同時需要速度（因此有長腿以及靈活的身軀）以及精力（足夠的肺活量可以從事長距離追逐）。

氣味在如森林或灌木林等較冷且潮濕的環境下，會殘留的比較久──尤其常見於希臘和義大利等地。茂密的草叢妨礙了狗兒以視覺追蹤他們獵物的可能，所以他們需要以嗅覺追蹤很長的一段距離。這類「嗅覺系」獵犬在生理構造上也和「視覺系」有所不同，他們通常有較短的腿和較結實有肌肉的身體，而且有較長的持續力。我們現在知道這類獵犬也早在數千年前就已經存在。

狐狸犬系狗種

這類狗種有著獨特的上翹尾巴，在今日較為人所知的狗種包括西伯利亞哈士奇、薩摩耶犬、鬆獅犬等。目前已有證據顯示，這類狗種的分布遍及全世界各地。在中國，鬆獅犬的祖先在西元前兩百年的漢代，其特徵便已經被詩句所描繪出

來。而一些來自北歐的聯繫開始於一千年後：維京人在侵略英格蘭並定居於此時，也順便帶來了狐狸犬系的狗種。

其他早期的家犬品種

在中國和西藏，其他的祖傳狗種也被發展來當作寵物或是守衛犬，而這些狗種多半有著很短的口吻部，例如北京狗、拉薩犬、西施犬、西藏獒犬以及日本狆。

在地中海地區，至少有5、6種從羅馬時代便已經存在的狗種。牠們包括了小型犬如現今的臘腸狗、類似現在靈提類的快速獵犬，以及體型巨大接近馬士提夫犬的守衛犬。另外也有短吻以及長吻的狗種，分別類似今日的巴哥犬和波佐犬。在羅馬人入侵英國前，就已經有塞爾特犬，這種被稱為愛爾蘭獵狼犬祖先的狗種存在。

上圖：埃及法老王犬在兩千年前羅馬人侵略埃及之後，開始被傳播至歐洲。
下圖：英式可卡犬是被特別發展來撿拾狩獵打下來的鳥類的。

「寵物犬」的出現

　　隨著時間的流逝,更多樣化的狗種被培育出來。同時具有視覺系以及嗅覺系能力的狗種被發展出來,以當作全方位狩獵之用。而從這類狗種中,又發展出一種較小型的「泥土系」狗種,就是日後廣為人知的梗犬。牠們的名字「terrier」是來自拉丁文的「terra」,亦即為泥土的意思。牠們的特徵為短腿、身體結實、能吃苦耐勞,專長於尋找與捕捉小型的獵物,還是控制老鼠等害獸數量的最佳幫手,也因此在大部分人類居住的地區都被繁殖。

　　被用來放牧牛與羊的的狗種必須兼具敏捷與聰明,而且保有遺傳自牠們祖先——狼的許多特徵,例如在打獵時分辨出較虛弱的動物。

　　大型、重量級的獒犬型狗種是被發展來拖拉重物,保護牛群和羊群以防止熊或是野狼之類的掠奪者的威脅,或是守護農場以防止動物和人的入侵。

　　存在於狗兒與人類之間的情感並不是新玩意,一個兩千年前的土耳其牧羊人,對待狗兒的情感可能跟今日住在加拿大、澳洲、英國的農夫沒什麼不同。不過在早期的人們可能不會感覺特別需要狗兒的陪伴來排遣寂寞,更僅有少數人能夠負擔得起一隻一輩子都不需要工作的狗兒。

　　寵物犬大都起源於富裕的地區,如在中國或是日本,所謂「玩具犬」是由皇帝以及他們的宮廷

上圖:這是一種被稱為鬆獅犬,有著黑舌頭的狗種。牠們的肉在過去的滿洲以及蒙古被視為是美味,皮毛也被用來製作衣物。今天的鬆獅犬則是標準的「一人犬」,會有攻擊任何接近的陌生人的傾向。

所飼養。而這些狗種是在歐洲人旅行到這些國家以後，才發現並帶回英國和歐洲等地飼養的。大約在西元500年左右，比熊犬家族開始被建立起來，而誕生了今日的捲毛比熊犬以及小獅子犬的產生。許多類型的小型犬同時也在修道院被培育出來，而牠們的用途則從伴侶犬到看守犬都有。

再經過了數個世紀，許多今日的犬種開始成型。在西元1300年左右時，黑色獵犬（尋血獵犬的祖先）在英國被建立起來。而在同時間的歐洲以及亞洲，牧羊犬正開始發展起來——包括匈牙利波利犬以及可蒙多犬的祖先。

大約四分之三的今日狗種是在最近300年間才被培育出來的。槍枝的射程以及精確度的進步，導致了今日許多運動狗種的導入以及改良，之後的社會富裕化，則將興趣轉移到多用途犬種以及玩具犬種身上。

到了20世紀初期時，狗種的發展已經大致完成，之後大部分的狗種改良就僅限於修飾，不再有功能上的修正了。

狗兒品種與犬舍俱樂部

在今日狗兒的品種已經是數以百計（某些百科全書已列出高達400種），不過許多狗種只在牠們起源的國家被承認。狗種的標準建立有助於育犬人士以及狗展的裁判們去選擇那些性格特性最接近需求的狗兒，然後才能保證牠們的延續。為了要得到認定，一個狗種需要有明確可分辨的特性並且已經遺傳達數代之久；這樣的條件才足以成為一個狗種建立的基礎。

在許多國家都有他們自己的犬舍俱樂部或是類似的組織，以控制及監視和展示具有冠軍血統的狗兒。至些組織也負責認證以參展為目的的狗種，以及將牠們依類似的目的或性格特性分成各個等級。

上圖：身為世界上最受歡迎的狗種之一，指示犬原本是因為其優秀的視覺以及敏銳的嗅覺，而用來當作狩獵時的伴侶。本狗種很聰明同時也充滿學習的欲望。

而這些等級的分類、名稱以及所包含的狗種在各個國家間都不是很一致。一般來說普遍被使用的有四個等級（玩具犬、運動犬、梗犬以及獵犬），其他等級區分則沒有被普遍認同。在某些國家如加拿大，則還會區分出工作犬以及牧羊犬兩個等級，以及我們通常稱為非運動的則被稱為萬能犬或是狐狸犬種（狗兒在外觀特性上接近狐狸犬或是較原始的狗種：尾巴呈捲屈到背上以及立耳）等等。

由於每個國家都有自己的一套鑑定狗種的方法，因此一個國際性的聯合組織FCI於是成立以便使這些差異合理化。它將狗兒分成十個等級，使用它獨特的分類系統：牧羊犬以及牧牛犬（不包括瑞士牧牛犬）；杜賓及雪納瑞類型、馬魯索斯犬類型、瑞士登山犬和瑞士牧牛犬；大型及中型梗犬；達契斯獵犬；狐狸犬以及原始型；嗅覺系獵犬以及相關狗種；指示犬；以及拾獵犬和水中犬。

截至目前為止該組織登記有案的狗種已經有331種之多。

FCI的會員國（在本書撰寫時已有78個）定義屬於他們自己的狗種，但是會服從於FCI以便於國際上的認證。

混血種或雜種狗

這個章節如果沒有提到這些不知道祖先或是祖先混血的可愛狗兒，將會顯得不夠完整。混血種就是知道雙親是由兩個不同品種所繁殖出來的動物。雜種則是完全無法得知其血統來源者稱之。在科學家賦予他們的特殊專有名稱之下，他們常常（但非一定）混合了遺傳自祖先的迷人魅力。牠們不曾得到正式的承認，不過仍然為數以百萬計的人們帶來歡樂與舒適。

令人傷心的是，這些狗兒也正是非預期中的配種所繁衍出來的，並且是被棄養的幼犬中最主要的來源，這些或是被主人趕出家門的，終將在動物收容所結束其一生。

特殊的牽絆

在今日，寵物已經成為提升我們的生活品質的許多因素之一。在過去的20年裡，許多研究都證實了擁有寵物在精神上以及醫學上的各種好處。

這樣的助益也變成了動物協助專案小組（AAA）的計畫基礎，同時也與「寵物輔助治療」以及「動物輔助治療」有關。在這個計畫中，與動物的互動可以幫助人類在身體及精神上問題的恢復。

在工業化社會導致的快速成長與富裕之下，生育率降低以及家庭關係的鬆散，都導致寵物將扮演一個更重要的心理角色。許多夫妻選擇不生小孩，或者是稍晚在女方事業上覺得穩定後再開始準備生育，對這些人來說寵物就變成家中的一個重要成員。但是不管你的家庭狀況如何，擁有一隻狗兒都會提供你一些非常重要的好處。

伴侶

對超過八成以上的主人來說，飼養狗兒最重要的目的就是擁有牠的陪伴。「伴侶」的意義可以單純指有狗兒在身旁，或狗兒是工作上的伴侶還是用於特殊的工作上。

左圖：混種狗以及雜種狗是世界上每個國家的狗中比例最高的。如果有可能，在你選擇一隻雜種狗的幼犬時，能夠觀察一下母狗的脾氣。

舒適

狗兒與主人的身體上貼近，有助於狗兒建立良好的伴侶關係。事實是如果我們的狗兒與我們共處一室時可以產生舒適的感覺，而且當我們越常接觸我們的狗兒時，牠越會被允許在晚上睡得越接近我們。所以有些狗兒可以與牠的主人分享床鋪，其他的狗兒只能睡在家門口的狗屋或是籠子裡面。

舒適也可能來自於直接的身體接觸，或單純的是牠對你所表示出來的感情。

放鬆

你的狗兒可以幫助你放鬆。經過決定性的事實證明，一個原來處在相當程度緊張情形下的人，在當他的寵物來到他身邊時，心跳速率會減緩並且血壓會降低。擁有一隻寵物可能是一種很好的壓力管理的練習，特別是對那些工作壓力特別大的人來說。

肉體上的安全與保護

在某些國家裡，犯罪率的升高使得人們開始去養看門犬或是守衛犬來提供對人身以及財產的額外保障。在這類的例子裡都有著飼養比較大型、較具攻擊性的狗種的傾向，例如杜賓犬、德國狼犬以及羅威那犬，或是那些特別被培育來作為守衛犬的狗種，如拿波里獒犬以及波爾多犬等。

不過重要的不僅只是在體型大小或是潛在攻擊性而已。對很多人來說，我們能感到安全靠的是知道狗兒能警覺到並反應陌生人的時間，遠比人類要來的快得多。而這樣便可以讓我們有更充裕的時間來對這樣的情形做出該有的反應。因為這樣的理由，許多飼養小型狗的狗主人，其實都認為牠們跟大型、受過良好訓練的狗兒一樣能讓他們感到安全。

情緒上的保護

除了在身體上的保護外，狗兒也可以提供我們在精神上的保護。例如，牠可以提供我們在情緒

對我們之中的很多人來說，狗兒是寂寞時候的很好守衛；牠可以成為我們傾訴的好夥伴或是朋友。如果你覺得把一隻狗當作人來對牠說話是不尋常的，那麼別擔心，你一點都不會不尋常。因為許多人都有著同樣的行為。

當我們與狗兒說話時，我們本能的會使用與我們同樣的人類方法和牠們溝通。例如當我們要安慰我們的狗兒時，我們還是使用「靈長類手勢」像伸出手去撫摸牠們，或是嘟起嘴來發出柔和的聲音，雖然男人通常比女人少表示出這樣的關心。

左圖：黃金獵犬是一種非常需要感情的狗種——由於牠們對小孩具有特別的耐心，牠們幾乎都可以得到來自小孩的熱烈情感回報。

Ch1
狗與人們

上的保護使我們可以去面對或克服沒有道理的恐懼，比如說像是對黑暗的恐懼，或是單獨一個人時的焦慮不安。

當你在一個陌生的環境下做某件事情，或是與某位陌生人會面時，讓狗兒待在你的身邊可以幫助你工作做得更好，或是溝通更順利。舉例來說，一個社會學上的人類行為研究發現，如果人們是由一位有狗兒陪伴著他的研究者來做訪談的話，通常會比訪談沒有狗兒陪伴時感到更加的放鬆或是舒適。

幫助建立新的友誼關係

有許多的證據都足以顯示喜歡狗兒的人比較容易喜歡他人，也比較容易建立起人際間的互動關係。因此如果你擁有一隻狗兒，你可能是個比較容易與他人建立起新的友誼關係的人。

狗兒常是可以打破人們之間冰封的關係的好幫手。當你帶著你的狗兒去散步時，一個沉默寡言的鄰居，甚至一個不相識的路人，都可能停下腳步來評論一下你的狗兒的長相以及牠的行為。狗兒也常常扮演了連接老年人與年輕人之間的重要橋樑。

自我滿足與自我尊重

我們都需要有自我滿足感。許多人是經由我們成功的家庭人際關係、工作運動或是其他休閒活動來達到。而也有許多人是藉由擁有一隻有聲望的狗所反射出來的虛榮心來達成。牠可能是非常稀有或是不尋常的品種，或者是某次狗展還是狗兒競技比賽的冠軍犬。

不過對大部分的人來說，僅僅是照顧自己以外的另一個生命就可以發現到自我的價值。而且如果做得正確的話，還可以得到來自其他人的認同與讚美。

審美觀上的滿足

你的狗兒並不一定非要是狗展上的冠軍才能給你帶來快樂。如果你是因為牠的個性以及外貌而選擇牠，那麼不管什麼時候看到牠，你的心情應該都是愉快的。

對休閒活動的幫助

狗兒是我們的休閒經驗中非常重要的一部分。狗兒大都非常喜歡玩耍，而這正足以刺激我們去和牠們玩耍。這可以幫助我們放鬆及增添生活中的活動趣味，以及從單調乏味的工作或是家庭雜務中轉移注意力。對我們之中許多人來說，很少有機會照顧狗兒的生活起居如餵食、梳毛、帶牠外出運動，這些都可能成為休閒活動的一部分。

對小孩的益處

大概三分之二擁有狗兒的家庭，家中同時都會有小孩子。我們也許會問一對正在組成家庭的夫

上圖：敏感的粗毛牧羊犬（圖右）會緊緊的伴隨著牠的主人成長，並成為一隻好的守衛犬，而西高地白梗（圖左）則是容易興奮和需要人注意的。

一些研究中也發現，小孩常會對他們家中的狗兒傾訴，花上許多時間告訴牠今天成功和失敗的事情，就像他們和自己的兄弟姊妹談論一般。當他們的父母與兄弟姊妹不在身邊時，狗兒就成為親人的替代。很有趣的是，小孩子中最能夠發展社交技巧以及對他人同情心的，往往是那些花很長的時間與狗兒或是他們的祖父母相處與交談的人。

情感上的支持

如果你的家中剛剛遭逢到失去最親愛的人的變故，或是處於青春期的小孩正遇到其一生中特別難過的一段日子，你的狗兒正可以提供此一非常時期中格外需要的情感支持。

負責的態度，較佳的環境清潔

對於那些必須忍受漫長潮濕的冬天之中鞋子上經常滿是泥濘，地處於寒帶地區的人們，有些恐怕很難想像多了一隻狗兒如何還能保持家中的衛生與清潔。然而事實證明，那些家中有寵物的家庭，會比那些沒有的家庭更有衛生保健的意識。

婦，為什麼會選擇去再認養一個「非人類」的家庭成員，而通常所得到的答案並不是太明確。我們之中的許多人都會認為擁有一隻狗兒當寵物，會訓練小孩子有責任感：如果一個小孩能夠學習照顧好家中的寵物，就應該會有比較好的態度去對待他身邊的人。

另外，養狗還有教育上的價值。如果你家的小孩能了解狗兒的身體構造狀況，例如性能力的成熟和繁殖等，以及如何處理健康上的問題以及疾病，他們可能因此就懂得去應付以後會發生在他們身上的類似情形。一隻狗兒的壽命平均大約是10年到15年，這剛好符合了你家的小孩成長已至於成年的過程。而狗兒的一生正可以教導他們關於長大、學習、年老以及死亡的過程。藉由照顧狗兒的一生，他們也許可以由此學習到一些關於「育兒」的技巧。

以上這些事實正足以表現，家中飼養一隻狗可以讓你的小孩克服焦慮、控制對他人的攻擊性、發展自我意識以及學習如何處理人生中的問題。

上圖：拉布拉多犬是世界上最受歡迎的狗種之一；牠是完全屬於家庭的動物。
下圖：一隻萬能梗犬的幼犬長大後應該是結實、強壯、堅強以及極度忠誠的。

治療學上的價值

你的狗兒可能還可以為你帶來其他許多好處。就統計上來說可能會有：

○ 比較長命

○ 血壓相對較低

○ 有心臟病傾向的人會比較不容易發作

○ 變得比較有幹勁跟有目標

○ 比較不自我中心，會幫助他人

○ 壓力較小跟比較容易放鬆

○ 情感上較為堅強，不容易產生憂鬱的問題

○ 比較不好爭吵

○ 比較不會去批評他人的過錯或是悲傷

對老年人的好處

狗兒對於老年人來說特別有好處，尤其是那些他們常常連自己都忘記吃飯的老人家。餵食他們的狗兒時，會提醒他們自己也該吃飯了，而在吃飯之時狗兒也會陪伴在他們的身邊。許多老年人在進入老人安養中心之時，常常不被允許帶著他們的狗兒一起，然而現在已經有許多證據可以證明，他們應該被允許帶著狗兒才對。

失敗的人狗關係

並不是每個人狗之間的關係都是成功的。在實際上大約會有五分之一的情形是失敗的，所以如果你第一次的人狗之間關係不是一個很愉快的經驗，你並不是孤獨的。你可以試著努力去分析看看失敗經驗發生的理由，而你的獸醫師也許可以幫助你去分析確實的原因。

一隻狗兒會發生問題常是因為：

○ 一開始的品種選擇是錯誤的，牠根本不適合你的生活環境、生活方式以及家庭。

○ 你並沒有給牠該有的正確訓練，或是與家中的其他種動物相處所產生的問題

○ 你的狗兒遺傳上就有一些與生俱來的問題

如果你能夠確定出你與你上一隻狗相處時發生問題的理由，並且想辦法去除那些問題，並且試著再與另一隻狗兒相處看看。如此一來擁有一隻狗兒便能夠確實的增進你的生活品質。

上圖：獨居老人如果有養狗的話，會比那些沒有養狗的顯得比較有幹勁跟有目標。

第二章

迎接你的新狗兒

選擇你的伴侶動物

如果你以前曾經有養過狗且經歷過那種與狗兒之間獨特牽絆的經驗，那你就會知道主人與狗之間的關係，是包含了持續進行的互相信賴以及對狗兒長期的責任，還有兼顧他人與對整個社會的負責任態度。那你也應該知道，如果經過適當的訓練，狗兒可以是個忠實且熱情的朋友，而且能一心一意的愛牠的主人很多年。

當你要選擇一隻新的狗兒時，不要讓你的熱情沖昏了你的腦袋。特別注意幼犬長大以後可能的體格（包括肩高、身長以及體重），以後可能的食量大小，長大以後可能需要的訓練與照料，牠將來的個性脾氣，可能發生的先天性疾病問題，以及牠大概的壽命長短。

不管是第一次飼養或是接續前一隻狗兒，當決定挑選一隻狗兒作為你的寵物之前，最好還是先問問你自己下列的問題：

你對狗兒有何期待？

- 你希望狗兒成為家庭中的一份子，分享你的房子以及生活嗎？
- 你希望狗兒成為一隻看門犬，在陌生人接近時發出警告，或是當你不在家時擔任看家的任務？姑且不考慮體型的大小，大部分的狗兒在不尋常的情形發生時，或是有陌生人進入你家

中時，都會像個警報器般的吠叫，而大部分這些狀況都可因此得到警告或是保護。不過如果你希望找一隻可以當作理想看門犬的大型品種，則一定要給予牠合適的訓練以及教育。如果你沒有足夠的專業或經濟能力提供牠這些訓練，那千萬不要有此打算。

- 你有考慮過讓狗兒在各項競賽或是展覽中拿到名次嗎？如果有，為何有如此想法？
- 將你所期待的項目寫成一張清單，然後試著去挑選出一個能夠完全滿足你需求的品種。

照顧的責任歸屬？

先確定你知道誰該負責管理和照顧新養的狗兒。首先召集家中所有的成員開會並決定人選，確定這位家人就是完全負責管理的任務，以及在整個養育過程中擔任指揮主導的帶頭角色。

上圖：在你輕率的想要送人一隻狗兒當禮物時，先想想對方是否有狗兒所需的足夠責任心和環境。
下圖：讓狗兒只認同一個正式的「主人」，並視他為「組織領導」是很重要的事情。

你有足夠的養狗知識嗎？如果你是第一次養狗，先確定你知道所要接受的人狗關係。一隻狗不是餵食、運動、玩耍而已就足夠了。牠們需要接受訓練，以及定期的接受健康方面的照顧直到生命終點，尤其是在年老後更需要特別的看護。

你有足夠的時間嗎？你將會需要花費很多的時間在養育和訓練一隻幼犬，而且不管年幼或是成年，都必須提供足夠的時間陪伴狗兒。在養育的幾年時間中，你勢必得花上數千小時來照顧以及訓練你的狗。

你有足夠的責任感嗎？為了狗兒你必須犧牲一定程度的自由，而且這個責任將持續10到15年，甚至更久。你也許已經做過一次了，不過你有足夠的決心再做一次嗎？

你能夠提供合適的環境嗎？家裡是否有足夠空間給你心目中的狗種活動？家裡附近是否有地方提供狗兒足夠的運動？你能給牠足夠的限制，使牠不會去騷擾或驚嚇到鄰居嗎？

你有足夠經濟能力嗎？除了一開始購買狗兒以及所需配件的費用以外，接下來的持續性開銷還包括狗食的花費、年度預防注射及健康檢查，或者為狗兒結紮的手術費。其他可能的還包括寵物晶片登記費、預防花圃遭狗兒破壞的籬笆費用、參加服從訓練課程的學費，或是當你出遠門時交由動物醫院照顧的費用。

你能提供狗兒安定的家嗎？你的經濟狀況在可見的未來會有變化嗎？狗主人有可能因上大學、旅行或是工作，需要離家到外縣市甚至國外去一段時間嗎？主人有可能因為年老身體衰弱，或是因為疾病造成的健康問題而無法照顧狗兒嗎？

你想挑選什麼性別？決定你想養的是公狗或是母狗，不過仍希望考慮可能需要結紮。母狗體型通

右圖：你或許因為牠們可愛的樣子，而想購買一隻（或者兩隻）幼犬，但請記得當牠們長大後，牠們將不祇是需要單純的餵食和運動而已：牠們需要訓練、定期健康檢查、以及年老後的特別照顧。

常較公狗為小，而且脾氣比較溫馴也比較容易被訓練。除非牠們被結紮了，否則他們會有個約6個月一次的繁殖週期（稱動情週期或是發情期）。

確定狗是你想要的寵物種類嗎？再仔細的想想這個問題。貓咪或者其他種類的動物是否更適合你現在的需求？在避免犯下錯誤決定之前，再次確定你所有可能的選擇。

如何讓新來的狗兒與既有的相處融洽

也許你已經有了一隻狗，而且已經飼養好些年了，但是現在你希望再帶另一隻新的狗兒進入家中。這樣的做法是否會造成問題，是取決於好幾個因素的，包括兩隻狗的年齡以及你如何安排讓牠們相處。

首先兩隻狗必須要建立起他們在家中的階級地位：一隻是優勢主導的；另一隻則是從屬的地位。在通常的情形下，幾乎都可以在很少或甚至沒有衝突下完成——舉例來說，較年輕的狗兒（幼犬），通常會對較年長、天性較有主導地位的狗兒表示服從。然而問題還是會發生的，尤其是正處於青春期的狗兒想成為佔優勢的那隻，而與你原

有的狗兒對峙時。（如果想知道細節，請參見本書71～72頁，「同一屋子狗兒的互相攻擊」。）

選擇一隻狗兒

在挑選狗兒之前，先一步檢視自己的經濟能力，以及確認是否有能力照顧是非常重要的。

有句古老的西洋諺語這麼說：「沒有壞的狗兒，只有差勁的主人」。雖然有些狗兒的確有先天的性格問題，但在許多例子中這句話的確是事實。絕大部分被認為是狗兒問題的，其實都是主人本身的問題。而造成的原因大體是狗種（脾氣與需要）與主人（個性與生活型態）間的不能配合。

例如一隻梗犬，其天性就是喜好挖洞，卻又在主人外出時，被單獨的放在家中的小庭院裡。那牠可能會破壞整個花圃，或是從籬笆下方自己挖個洞鑽出去。或者一隻渴望主人陪伴的狗兒，卻必須看著牠的主人出門去工作，然後獨自度過接下來的8個小時，那牠可能因此會得到嚴重的分離焦慮症。

如果人們是需要狗兒的保護，那他們通常會選擇大型的犬種，甚至是所謂的「守衛犬」。在許多案例中，問題常常是這些狗兒的體型以及力氣造成的。當這類狗兒的主人不願意或是沒有能力讓牠們接受應有的訓練，想把牠們帶上街散步卻又沒有足夠的力量控制狗兒，最後只能選擇將狗兒關在庭院中讓牠自己運動，而這類的庭院對大型狗來說實在太小了。由於感到被禁閉加上失望，通常狗兒會開始覺得無聊並開始挖洞、悲嗥、吼叫，甚至開始對經過的任何人或物狂吠。如果庭院是籬笆圍成的，狗兒會找一個最小的縫隙鑽出頭去，然後對當時經過的人開始狂吠，就藉由驚嚇不注意的路人，使狗兒得到他們想要的滿足，並不斷

上圖：退休的賽狗用靈提，就像圖中這隻一樣，能成為優秀的伴侶犬，不過牠們習慣去追逐任何移動中的東西的傾向，可能還需要小心的再教育。
下圖：這隻雄性的阿拉斯加馬拉穆特幼犬將來會長成非常驚人的尺寸。

重複這些行為。而且如果這些行為沒有被注意到，狗兒有可能會變得具有攻擊性，而對進入家中的訪客具有潛在性的危險。

選擇純種或是混種？

在動物醫院、寵物店或是動物收容所中，可以見到總數以千計的混種狗（或俗稱的雜種狗、土狗）正在等愛心人士去認養跟愛護。牠們大都可以成為相當理想的伴侶動物，而且遺傳自混血（通常不明）的父母得來的「混合精力」，使牠們可以擁有相當良好的身體狀況，而且比較不容易得到傳染性疾病，以及特定狗種的遺傳缺陷。

在選擇混種狗時唯一的缺點，大概是你無從得知牠們的雙親是什麼狗種。或許你可以從體型以及一些特徵上得到一點端倪，不過相較於純種狗來說，就無法從品種上得到關於性格上的資訊。

如果你有意願去領養一隻此類狗兒，建議試著去爭取一段試養期，而且最好能長達一個月。

領養中老年狗

有時你可能會聽到一隻已成年的狗兒需要新家，最好先確認一下這麼做的理由。他們有可能是真心的：例如舉家移民至國外，實在無法帶著狗兒一起。或者原主人因為生病等健康因素，或是搬到一個小很多的住所，無法繼續照顧。但是就另外一方面來說，如果原主人不養的理由，是因為牠的習慣或個性問題，你最好打消念頭另尋其他狗兒。不過記住有些問題相對上是比較容易解決的，所以在決定領養之前，還是先仔細詢問送人的理由。在已經進入中老年的狗兒，具攻擊

下圖：一隻混種的狗兒會是理想的伴侶，不過比較明智一點的做法仍是要求一個月的回家「試養期」，以便發覺牠真正的性格。

性以及有逃跑的可能是很不容易矯正的,所以最好理智的打消念頭另外尋找。然而,主人因為工作整天不在家而與狗兒長時間分離,因而導致狗兒精神抑鬱,卻又因此想棄養。這樣的問題就會很單純,而且會是很適合收養的完美對象。也有些主人僅僅是因為發現照顧狗兒很麻煩而已。在某些特定犬種,需要每3個月的經常性被毛修剪,比如說雪那瑞犬需要背部局部剃毛,而貴賓犬則需要臉部和腳部的修剪。這些對你來說是不是也太麻煩呢?

有些靈提類的狗兒常在賽狗的比賽生涯結束後就會送人領養。而這類的狗兒通常都是非常聽話的,而且很容易適應家庭的環境,但是由於牠們早已被訓練成會追逐移動的、有毛的物體,因此可能會對一些家裡或是鄰居的其他寵物造成危

險。

選擇心目中的狗種

如果你曾經擁有,或是現在仍擁有一隻特定狗種的狗兒,那麼你很有可能選擇再挑一隻同樣狗種的狗。

就另一方面來說,如果你曾經飼養的是混種或雜種狗,而這次想要嘗試養一隻純種的狗。在這種例子來說,請謹記不同的狗種除了有不同的外型以及體型尺寸外,性格與習性也不同,在挑選前請仔細的考慮是否合乎自己的需求。

檢視你所想要的狗種是否符合下面條件:

- 狗兒是否是你要的尺寸
- 你希望牠所扮演的角色:伴侶動物、參展、工作、接受服從訓練以及當看門狗。
- 你所擁有的關於狗的知識以及經驗,和掌控特定狗種的能力。
- 你所中意狗種的力氣,而你是否有足夠的體力駕馭牠。
- 你所居住的住家類型,以及所擁有的室內和室外空間。
- 你所居住的環境類型:都市、郊區或是鄉村。
- 家中成員的人數以及年齡層。有些狗種對小孩並沒有很好的容忍力,有些則對老年人或是病人來說太過吵鬧了。
- 家中可以陪伴狗兒的成員人數。
- 你可以用來消耗在餵食以及修剪被毛的時間多寡。
- 可提供給狗兒的運動量足夠與否。

上圖:如果你不希望你個人的理容工具被你的幼犬搶走,那就不要給牠玩牠自己的美容工具。
下圖:源自西藏的拉薩犬原本就被培育為室內犬,是由藏傳佛教的僧侶們所育種出來的。

- 是否能讓牠接受足夠的必要訓練。有些狗兒需要經由專家之手,接受持續且專門的訓練課程。
- 居住地區的氣候。一些短吻狗類(如鬥牛犬)在偏向炎熱氣候的地區,會比較容易發生吸呼系統方面的問題。如果是住在亞熱帶或是熱帶地區(如台灣便是),建議考慮短毛、長吻的狗種。長毛狗種則比較能抵抗天氣的變化,以及掉毛問題會比較少。寒帶地區狗種包括鬆獅狗、狐狸狗、薩摩耶犬、紐芬蘭犬以及挪威獵犬。

如果你知道一個狗種是如何培育,且為了什麼目的而培育出來的,那麼你可能會比較能夠了解所想飼養的狗兒的天性,以及牠與生俱來的一些習慣。

為了確認哪種狗種最符合你的理想,最好的方法是去閱讀關於你所夢想中的狗種的書籍。另外一個方法就是向你的獸醫師洽詢,因為他們的工作關係每天會與多種不同狗兒接觸,應該可以幫助你挑選適合你的狗種。不過請記住一點,即使是就同一種狗種來說,個體與個體之間仍可能存有相當大的差異,所以仔細的接觸、檢查你所想要的狗兒,仍然是絕對必要的。

選擇好的育犬舍

如果是負責任的育犬人員,會把目標放在培養出一隻不管身體或是心理狀況都很健全,且能夠正確表達出該狗種所應有的標準個性。他們也會試著確保所培育出來的幼犬,是交給能夠妥善的照顧牠們的主人手上。他們會去調查購買的主人以及他的住宅環境,清楚而簡潔的提供關於狗種之資訊,建議狗兒所需的正確飲食,以及提供有關健康檢查以及年度預防針計畫的建言。

如何去分辨好或壞的育犬舍?

- 從全國性的育犬協會或是相關的大型組織等取得基本資訊。
- 向地區性的愛犬俱樂部等聯誼性組織打聽消息。
- 試著與一個擁有你所想飼養的狗種的主人交談,詢問他們購買狗兒的地方,以及是否有任何後續的問題。
- 洽詢居住當地的動物醫院。如果因為差勁的育犬計畫,而導致狗兒具有生理上或是行為上的問題時,通常都會前往動物醫院諮商,因此這

上圖:如果你不是很確定哪個狗種最符合你的需求,可以與你的獸醫師討論,因為他們每天都與許多種不同狗兒接觸,可以給你很好的建議。

些專業人士都會因此得到許多資訊，足以指引你找到這地區最好的育犬舍。

不過當你找到一家信譽良好的育犬舍時，還是請先了解一下他們育犬的目的。有些狗種的培育目的是在於參加各式狗展，不過在狗展中順利得獎，並不一定代表牠們的子孫就能符合你的需求。先確認一下他們的狗兒所有可能的遺傳疾病狀況，如果還有相關的疑慮，請你的獸醫師來提出建議。

如何選擇幼犬

「絕對」不要因為一時的衝動而買狗。先對整個賣狗的計畫詳加規劃，預留多一點時間去確認自己的選擇，以及用來準備迎接新狗兒的到來。

如果有可能的話，在母犬生產之前拜訪一下育犬舍，試著看看能否見到心目中幼犬的雙親，並且能在幼犬吸食母乳的時間裡，前往育犬舍觀察一下。最好能確定你有對幼犬的選擇權，而並非已經指定分配一隻特定的幼犬給你。

如果說你日後並沒有讓狗兒參加狗展的打算，你也可以挑選一隻「寵物專用」的幼犬來飼養。這可能可以使你花費較少的金額，不過仍有一些需要注意的事項。這類幼犬可能沒有證明純種的

血統證明書，因此也不能作為配種用，有些甚至不適合生育。

一隻幼犬應該：

○ 至少在7到8週齡之間
○ 完全的斷奶
○ 夠強壯到可以離開母親
○ 仍與母犬住在一起（使你有辦法藉由母犬的脾氣推測幼犬）
○ 機警、活潑且健康的
○ 對人類或是兄弟姊妹沒有過度的攻擊性
○ 有意願走到你身邊
○ 在眼睛、耳朵、鼻子還有肛門周圍均清潔無異常分泌物，而且皮膚一切正常。

育犬舍應該：

○ 提供關於幼犬目前以及將來飲食的完整資訊
○ 如果有必要，請他們提供血統證明
○ 提供關於預防注射以及驅蟲的紀錄

你應該：

○ 要求給予一段時間的觀察期，以免幼犬有任何不良狀況發生
○ 挑選一隻答應讓其接受獸醫完整檢查的幼犬
○ 在拿到幼犬後，趕快前往動物醫院進行身體檢查
○ 如果同胎的其他幼犬有任何疾病的徵兆，不要挑選這胎中的任何一隻

性格方面的選擇

你可能會想要一隻性格就像品種規範標準描述的中一樣理想的幼犬。然而，事實上在任何品種都一樣，在不同個體與家世間，性格差異是相當大的。

要挑選好性格，必須從挑育犬舍做起。一個有名聲的育犬舍一定會根據他們的進度，檢查每一隻幼犬的性格。

上圖：當你介紹新的幼犬給你「現任的」狗兒認識時，牠們會需要去建立起之間的從屬關係，而幼犬通常會順從本質上較為優勢的年長狗兒。

有些育犬人員只專注在狗種的外表特徵上,這些的確會幫助他們贏得狗展的獎項;不過他們卻對培養狗兒的良好性格漠不關心。

不過在今日,狗展的裁判已經比較注意一隻狗兒該有的性格,而且會判一些踰矩的狗兒犯規。

最好是向一些有名望的育犬舍購買狗兒,而且能夠觀察一下幼犬母親的性格(如果可能的話,父親也要)。這些動作都可以幫助消除日後可能發生的任何問題,但是一隻幼犬目前的性格,並不保證能夠維持到成年後仍然一樣。同一胎中幼犬時期最聽話的狗兒,也有可能在離開母親與兄弟姊妹進入一個新環境後,也有可能因為後天的因素,而變得莽撞不聽話。

上圖:雖然說拉布拉多被公認是人類家庭中的狗成員的模範代表,但是個體不見得都能順著育犬
人員的希望,而成為友好、討人喜歡和容易適應家庭的狗兒。

第三章

照顧好你的狗兒

從整理被毛到委外寄宿

不論你新養的是一隻沒多大的幼犬，或是一隻新近領養的成犬，你和你的家人對待他的方法，將對牠生活上的喜好、脾氣以及健康情形有著極大的影響。

為新來的幼犬準備新家

對於一隻年齡正處於3到16週之間的幼犬，這段時間正是牠學習事物的最重要時刻。在這段期間內，任何新鮮的經驗都將留下持久的影響。

當一隻幼犬到達你家時，牠已經失去了有母親以及兄弟姊妹陪伴的舒適感與安全感，而且面對的是一個全然陌生的環境。因此開始狗兒的社會化過程是非常重要的，慢慢的使狗兒減少與你家人的陌生感，並教牠藉由你們之間的互動，以及愉快的經驗，漸漸的與你的家人、朋友以及其他的寵物親近。

減少緊迫

避免突如其來的巨大聲響，例如用力的關門或是小孩的尖叫聲。起先，限制與新來的幼犬接觸的人數，慢慢的再使牠接觸越來越多的陌生面孔。

不要讓你家的小孩太常去擁抱小狗，或是當牠休息或是睡覺時，儘量不要去打擾。

舒適

供應幼犬一個舒適且溫暖的床鋪。如果你沒有辦法提供牠一個格式狗床或是狗藍，可以使用大型的硬紙版箱充當，並將其中一面裁減以方便牠進出。在紙箱底部可用碎布或是報紙先鋪薄薄的一層，然後上面再墊上一條可以清洗的毛毯。如果你決心要買一個合適的狗床或是狗藍，先確定尺寸是否大到可以容納長大後的狗兒。

將狗床安放在將來成犬後你希望牠睡的地方——選擇一個安靜且隱密的角落。在小狗回到家的前幾天晚上，給牠一個大的可愛玩具，並在狗兒所睡的床墊底下放置一個溫暖的水瓶，這樣可以幫助牠安定下來。當幼犬離開牠的母親與兄弟姊妹前幾天，大都會短暫的感覺不安以及吵鬧，此時一台收音機或是滴答作響的時鐘，都可以安撫狗兒的情緒。

在狗兒清醒的時間裡，盡可能的多與牠做身體上的接觸。並試著用溫柔的聲調與牠說話以表達友情，當牠做出不合宜的舉止時，則以低沉的聲音嚇止牠。

上圖：讓幼犬擁有一個安靜且有隱私的角落是相當重要的。
下圖：一隻正在長牙的波爾多犬正藉由咬牠的玩具獲得些許紓解。

安全措施

當你準備迎接一隻新的幼犬來到你們家時，請先考慮家中四周的安全，就像你準備迎接一個新的小朋友到來一樣。

○ 將家中所有的化學藥劑、毒物小心收藏鎖好，並且收起所有花園或汽車上可能有的毒性物質，如雨刷清潔劑或是驅蟻藥物。

○ 將家中電線收到狗兒咬不到的地方。

○ 不要將鋁箔、塑膠或是紙類包裝的藥物或是食物放置於幼犬咬得到的地方。

○ 確定家中的幼犬沒有辦法接觸到垃圾桶。

○ 注意一些家中、庭院常見的植物所可能引起的潛在危險，如杜鵑花、番紅花。

○ 記得注意一些可能會傷害幼犬眼睛或皮膚的火星，如燃燒中的火爐，或是雪茄煙蒂。

○ 使用割草機、腳踏車、滑板、直排輪以及其他類似交通工具時應特別注意。

○ 在移動車輛前，先注意幼犬所在位置以免危險。

○ 確定家中的幼犬不可能鑽過游泳池週邊所圍的護欄。

上圖：為愛犬選擇安全、可咬的狗玩具。

下圖：一隻典型的巴吉度獵犬可以和小孩子相處良好，且能夠適應寒冷和炎熱的天氣。然而，牠們卻因能夠找到藏在家中任何地方的食物而聲名狼藉。

食物和飲水

開始餵食時，先使用和幼犬加入你的家庭以前所食用的相同飼料。

要做任何食物上的變更時，以數天的時間漸進式的改變，以避免造成可能的消化不良現象。

在這裡強烈推薦市售的均衡型特殊配方狗食。另外必須經常確認狗兒是否有乾淨、新鮮且充足的飲水可供牠飲用。一個有深度，上緣有耳的不鏽鋼製鐵碗可以保持水不至於變熱，而且在夏天時可視情況加入一些冰塊。

玩具，嚼骨以及玩耍

幼犬通常對玩耍有極大的興趣。玩耍在幼犬仍處於兄弟姊妹之間時，可以幫助牠們運動，進而學習如何跟家庭中較年長的狗兒競爭。雖說不要對新來的幼犬粗魯，不過在這些年幼時期的遊戲中，讓牠了解家庭中其他成員地位較高是相當重要的，所以當牠企圖有踰矩行為時，不用顧忌的表達你的反對。

幼犬之所以喜歡咬東西，部分的理由是因為這可以幫助牠減緩長牙時期的不適，另外一方面，這也是牠研究家中環境的一種方式。可嚼的骨頭以及玩具可以滿足這方面的需求，不過選這類物品時請注意：

○ 是由無危險性的材料做成

○ 不會太小而有不小心吞下的危險

○ 不要與你所不希望牠咬的東西相同材料。例如，如果你給你的幼犬一隻舊拖鞋去咬，則當牠決定下次用你昂貴的鞋子磨牠的牙齒時，不要覺得驚訝。畢竟對牠來說，牠的年紀還沒有大到足以分辨兩者間的區別。生牛皮做的嚼骨是相當理想的東西，因為即使幼犬也很難把這玩意兒與其他東西弄混淆。

你會從狗兒身上傳染到的疾病

有部分狗兒的傳染性疾病的確會傳染給人：例如狂犬病；腸內寄生蟲如蛔蟲、鉤蟲、條蟲等；鉤端螺旋體以及腸炎弧菌、沙門氏桿菌等細菌性感染，以及錢癬類的黴菌侵襲。

○ 避免直接接觸狗兒排泄的糞便及尿液。

○ 在抱過狗兒後，請記得一定要洗手。

○ 不要讓狗兒直接舔你的臉。

○ 不要吃可能被狗兒舔過的食物

家中守則

你新買的幼犬將是整個家庭「組合」裡的成員之一，而這個組合包含了人類以及其他的寵物們，你必須教導牠去認知你才是這個組合裡的領導，而牠將是這個組合中最後進的一隻狗兒，一旦牠能夠完全理解牠在家庭中的地位，那能夠更容易訓練牠去遵守命令。新幼犬將會凡事仰賴牠的領導，包括保護牠以及為牠做決定。

你將會需要開始教導新成員關於家中的所有規則，然後，當牠已經習慣於家中環境後，你就可以開始教導牠一些最基本的命令(參見56～59頁，〈如何訓練你的狗兒〉)。

左上：一隻舊鞋子可能是很好的玩具，不過這隻拳獅犬可以區分它和你的新鞋子的不同嗎？
右上：幼犬們都喜歡玩耍，而且這也是牠們彼此競爭取得家中優勢地位的方法之一。

家中訓練

當家中的幼犬大約在7到8週齡時，是開始訓練的最好時候，因為此一年齡正值發展「基本偏好」之時：就是牠在挑選特定區域或物質時才會上廁所的喜好或習慣。這意味著如果讓牠接觸並鼓勵牠，幼犬將很快的習慣把草地或泥土上當做廁所。

為了養成幼犬的良好習慣，必須能預測牠上廁所的時間。當幼犬剛剛清醒時、每餐飯前飯後、經過一段精力充沛的玩耍或運動，或者是感覺不安、走路繞圈甚至一直嗅地板時，都應該馬上帶牠到外面上廁所。記得直接帶幼犬到牠該上廁所的區域(如花園某處)，同時在旁等到牠排泄為止。記得當牠上完廁所時，要誇獎牠一下。不過不要只站在門口等待，就期待幼犬會自己到庭院中上廁所，事實上牠會在外面徘徊一小段路，然後直接走回你身邊卻沒有上廁所。

如果你希望的話，可以帶幼犬到外面時，以簡單的命令語句協助其習慣(如「尿尿」等語句)。牠很快的就會養成學習將該語句與排泄習慣聯想在一起。而一旦牠養成習慣後，接下來就可以訓練牠在家中而非公共場合排泄。當幼犬排便時(使用報紙襯墊會是理想選擇)，則要馬上清理掉並立刻丟棄。

絕對不要讓幼犬自由的接觸家中的整個大環境，因為這將使牠迷失方向感，而自行在某個房間中排泄。你必須待在牠身邊，並在牠想上廁所時馬上把牠帶到外面。

由於幼犬的膀胱還很小，而且對排尿的控制勢必不夠理想，因此別指望牠能夠在晚上8點到隔天早上8點間憋尿。在晚一點的時間讓牠排尿一次(11點會是理想選擇)，然後在清晨5點起床再讓牠上一次廁所。

如果你的幼犬在家中某處上廁所，不要因此生氣而去處罰牠。如果你並沒有當場看見牠犯錯，那就只是清理現場並忘記這回事就好。但是當你發現牠正要開始大小便，則要馬上堅決的說「不行」，然後馬上抱起牠到外面上廁所，並在牠上完後誇獎牠一下。如果可能的話，以衛生紙撿起剛剛的「犯錯」並且帶到戶外，這樣幼犬就可以將排泄物與戶外環境產生聯想。

由於幼犬只有幾秒鐘的短暫注意力，因此在一些錯誤已經犯下之後，才表達出你的生氣是沒有任何意義的。

狗兒的社會化

當你新買的幼犬進入家中之後，牠必須學著與家中其他的動物成員相處的方法。

如果你已經養了一隻貓咪，試著跟你的獸醫師討論如何修剪爪子，使它沒有可能去傷到幼犬的眼睛。如果有必要的話，當貓咪在附近時，抓住或是抱住牠，並且禁止幼犬嚐試去追逐貓咪。當牠有追逐貓咪這個打算時，記得想辦法分散牠的注意力，而且試著在一個可以控制的情形下，逐漸的嘗試讓牠們做近距離的接觸。

如果你已經擁有其他狗兒，試著讓牠們在家裡以外的地方接觸。記得對較年長的狗兒多注意，並且全程監控牠們的玩耍過程。在餵食牠們時記得分開，直到幼犬能完全融入家中為止，不要讓牠們在你看不到時單獨相處。即便如此，建議還是提供幼犬一個場所，供牠躲避家中其他的狗兒。比如說對其他狗來說太小的狗窩，或是木箱之類的。

在幼犬尚未完成牠的預防注射之前，不要讓牠接觸鄰居或是附近的狗兒。如果情況允許，試著讓幼犬參加訓練學校(參見56頁，〈如何訓練你的狗兒〉)。

如果你還擁有其他種類的寵物，則可以讓牠們和幼犬早點接觸。當你在照料其他動物時，

下圖：記住如果你想訓練幼犬在報紙上大小便，報紙將會成為一種「條件反射」的目標，下次牠有可能會在你新送來的報紙上排泄。不過由於現在許多狗兒都住在沒有草地或庭院的公寓中，所以這種自家訓練的方法反而成為最實用的。

可以讓幼犬在旁觀看，並且鼓勵牠表現出有規矩的行為。

可以讓家裡的訪客見見幼犬，不過要確保這個會面是安靜且溫柔的，這樣子以後幼犬才能享受並習慣類似的經驗。

不要讓家中的小客人粗魯的擁抱小狗，並且確保小狗在牠覺得被抱夠時，能有一個躲藏的地方。

領土或地盤

將幼犬限制在家中的小區域裡，直到牠已經可以自行上廁所為止。可拆卸移動的圍欄很適合在家中使用，而且有時幼犬在家中庭院裡時也可以使用。

當牠自行上廁所的習慣被建立起來後，你可以給幼犬在家中更多的自由，讓牠到家中任何你允許牠去的地方。

確定家中籬笆是完好無缺的，而且大門有彈簧會自動關上並鎖好。由於狗兒天生有地盤觀念，不用多久牠就會了解牠所擁有的地盤邊界了。

在整個預防注射計畫完成之前(至少12到16週齡)，你必須嚴格限制幼犬與其他狗兒的接觸。不過在注射計畫完成之前，你還是可以讓幼犬參加訓練學校(尤其有與動物醫院合作者)，因為基本上這類學校，都必須是沒有任何傳染病的環境(參見56頁，〈如何訓練你的狗兒〉)。

在這段期間，還是避免讓幼犬進出一些其他狗主人可以帶其狗兒散步的公共場所，如公園、森林等。

如果當地法律允許的話，你可以在大清早時，帶著你的幼犬去沙灘上散步。尤其是在大潮過後的隔天，沙灘上都被前一夜的漲潮沖刷乾淨，好像不曾被污染一樣。

然而，最好還是儘量避免狗兒直接走在乾燥的沙子上面，而且不要讓幼犬與其他先後來到沙灘上的狗兒有任何接觸。當然，在你的狗兒造成一

些污染後，為了其他人著想，還是請你務必將它清潔乾淨。

預防注射

參見93頁，〈保護狗兒的健康〉。

寄生蟲感染

參見97~102頁，〈保護狗兒的健康〉。

跳蚤控制

參見103~104頁，〈保護狗兒的健康〉。

控制訓練和運動

一但狗兒完成所有的預防注射目標，接下來牠將可以因經常性的運動而獲得益處，到時你必須訓練牠去帶著項圈，以及用拉繩拉著控制行走。

項圈以及拉繩訓練

參見61~62頁，〈如何訓練你的狗兒〉。

讓你的幼犬運動

帶你的幼犬出去運動時，記得只做到牠能夠舒

左上：想要狗兒口氣清新嗎？正確的飲食以及早期的「刷牙訓練」可以做好口腔保健。
右上：一隻梳毛用手套應該在你的基本梳理工具清單之中。
下圖：當幼犬可以與小孩一起運動時，牠們會比較容易調節自己的運動量而不致過度。

服的活動程度即可。不要強迫牠去運動，且陪伴牠時不要騎著腳踏車，或者交由不能注意狗兒運動時感受的人來帶牠散步運動。可以自動回捲的拉繩是比較理想的，因為它給了狗兒自己去調整拉繩長度及節奏的機會。在狗兒看起來疲倦或是緊張時，則應該立刻停止所有運動。

如果你想與狗兒一同跑步，記得限制在一段很短的時間內。尤其注意一些大型犬的幼犬，因為牠們的骨骼生長速度會比平均稍慢些，而過度的運動有可能造成牠們骨骼或是韌帶的傷害。如果對此有所懷疑，就不要嘗試著跟牠一起跑步，並與你的獸醫師或是購買的店家討論。

在外出之前，利用簡單命令，儘量讓狗兒在家中排泄完畢（參見33頁，「家中訓練」）。如果牠未能接受命令，並且在外出的途中才排泄，你務必要清理起地上的排泄物，並且丟棄在適當的場所。許多地方機構現在都會設置丟棄狗兒排泄物的專門容器。因為狗兒的糞便中可能會含有蛔蟲或條蟲的蟲卵及幼蟲，而這些可能會危害到人們的健康（參見97～102頁，〈保護狗兒的健康〉）。

長牙

在3到6個月齡之間，幼犬的乳牙（非恆久齒）會漸漸脫落，然後由恆齒取而代之。雖然說實際的脫落時間隨著狗種和個體差異而並沒有一個定數，不過脫落的順序通常是依照門齒、小臼齒、大臼齒、犬齒排列。

藉由軟硬（可嚼的食物如狗餅乾等）兩種食物的配合，可以幫助幼犬度過長牙的不適期。生牛皮製成的嚼骨對幼犬來說也是個理想的東西。藉由咬這類東西的動作，可以使非恆久齒鬆動，同

時有助於控制牙結石的生成。

牙齒保健

對狗兒以及人類而言，正確的飲食都可以幫助保持牙齒的清潔，促使咀嚼功能正常。然而，隨著狗兒的年紀增長，牙結石會逐漸的累積在牙齒表面，因此必須要經常性的檢查牙齒狀況。

目前在一般動物醫院都可以買到狗兒專用的牙膏，所以要訓練你的幼犬習慣讓你用柔軟的牙刷沾牙膏為牠刷洗。

目前市面上有一些特殊的處方飼料，可以在進食時順便研磨牙齒以保持清潔。可以向你的獸醫師詢問關於這方面的資訊。

梳理你的狗兒

梳子和刷子

當你一開始帶回新的幼犬時，就要讓牠習慣於被梳理、觸摸，以及被檢查，建立每天為愛犬梳理毛到完全不打結的習慣。

試著在每個梳理的過程中讓幼犬感到愉快，然後在牠表現出好規矩後，給他讚美及一點小獎勵。

最基礎的整理工具必須包括一支梳子和刷子、手套、棉球、毛巾、外科手術用的鈍頭剪刀以及指甲剪。

狗兒用的刷子都是經過特別的設計，可以適用於各種類型的被毛。上面所用的柔軟刷毛，可以避免損傷被毛較少狗種較為纖細敏感的皮膚。

具有較硬刷毛的刷子，則適用於被毛較厚的狗種。橡膠刷一般則用於被毛很短，但是卻很緻密的狗種（例如拳師狗）。而具有柔軟針狀刷毛的刷子，則適用於如約克夏等被毛很長，但卻相對較

為稀疏的狗種。

同樣的，梳子也有非常多不同的種類。那些寬齒的梳子適合用於被毛長，但較為稀疏的狗種。而那種間距較密，適合其他種被毛的梳子，則是設計來除去如耳朵、尾巴、腳上被毛糾結處的。另外有一種被稱為耙梳（俗稱針梳）的特殊梳子，則被設計來移除較厚的底層脫落廢毛。這類梳子對易掉毛且被毛長的狗種如拉布拉多犬或是德國狼犬等來說特別好用。

相對來說，你會在長毛的狗種身上花費比短毛狗種更多的時間去梳理。特別要注意狗兒腳上以及尾巴上被毛糾結的情形。對於腳趾間、腳底部肉墊以及指甲，也需要經常性的檢查。至於可能沾附在趾間被毛上的泥土，你可以使用沾濕的海綿來擦拭掉，這樣可以防止其繼續累積而導致趾間發炎。隨著狗兒的長大，被毛有可能因為生長而遮蓋住腳底肉墊，這時可以使用外科手術用的彎型鈍頭剪刀來修剪牠的腳底毛。

你可以使用棉球來清理狗兒眼部所生的分泌物。另外要記得檢查牠尾巴下方的被毛，並清潔修剪掉肛門部分多餘的被毛，以防止糞便的殘渣沾黏在被毛上造成污染。

洗澡

如果你已經持續為狗兒梳理被毛，那同樣的在牠弄髒或是有異味之時，也得幫牠洗澡。

在為狗兒洗澡之前，最好先做一次全身性的梳理。使用微溫的水（特別是對幼犬，會比較舒服）以及適合狗兒的專用沐浴乳。然後在兩個耳朵內塞入棉球，以防止洗澡過程中可能造成水流入耳道，同時也要注意不要讓沐浴乳流入眼睛和耳朵等地方。接下來為牠搓揉全身，尤其注意前腳與後腳間一些比較容易忽略的部位。

由於幼犬很容易著涼，所以一定要確定已把牠的被毛擦到全乾。可以的話，為牠準備一條專用的毛巾。如果你是使用吹風機來吹乾，將你的手指深入被毛間搓揉，確定被毛是否仍留有溼氣，以及確保吹風機所吹出的熱氣不至於過熱。

指甲

就像人類一樣，狗兒的指甲也是持續不斷在生長的。幼犬大概每6星期就需要作一次指甲的修剪，而修剪則必須使用特殊的專用指甲剪。你可以試著自己做這項工作，不過交給獸醫師或是寵物美容師來做，可以減少愛犬受傷的風險。

由於很多成犬都只有一小部分的時間在堅硬的地面上行走，所以牠們的指甲無法自然的磨損。不過指甲的生長以及磨損速度，會隨著狗種跟情況的不同而有所差異，所以當有需要時便要做修剪。

如果幼犬的指甲容易外露，記得要時常注意牠的長度。除非經過完全的修剪，否則這類情形很容易因為勾到其他物品而裂開。在某些極端的例子中，狗兒的指甲會因為過長而捲曲，最後甚至刺入肉裡。

寵物美容師與寵物美容院

有許多狗種都需要頻繁的梳理被毛，有的狗兒

下圖：由於大部分的狗兒都是在戶外的柔軟地面或是室內的地毯上活動，因此牠們的趾甲並不能正常磨耗。你必須定期為牠修剪——如果你沒有自信，請交由你的獸醫師來處理。

則因為參加聚會或是狗展，需要修剪被毛。如果你有足夠的時間，而且清楚的知道該如何整理，則那麼你可以選擇自己動手DIY。如果答案是否定的話，那就讓專家來做這項工作。如果你真的打算學習自己整理，可以向附近的動物醫院或是寵物美容院打聽關於美容學校的課程以及相關細節。

結紮去勢

除非你的狗兒是系出名門的冠軍血統，否則建議還是讓牠接受去勢手術。如果是母狗的話，則可以摘除卵巢子宮。一般來說，母狗在5到6個月第一次發情前，便可以實施該項手術。公狗則可以在6個月左右去勢，詳細情形還是請徵詢你的獸醫師。

除了可以防止不必要的懷孕，以及事後得花心思為幼犬尋找好的家庭收養外，結紮手術可以幫助公狗減少前列腺腫瘤發生率，以及降低母狗引發乳房腫瘤的機會。結紮同樣可以減少公狗不雅的騎乘動作，以及可能造成的不滿與失望反應。

日常照顧

如果你經常離家或出外工作，放著狗兒孤單在家超過4個小時以上，可以考慮請人幫你帶牠散步或是陪伴牠。一般人8小時的工作時間，對一隻經常被留置在家中的狗兒來說是很漫長的；牠可能會因為長時間獨處，而養成某些不良習慣或是形成反社會化的個性。雖然家中如果有隻貓咪陪伴，可能會有些許幫助，不過比起有另一隻狗兒陪伴，還是有著相當差別的。

與你的狗兒一起旅行
關於法律

當你要帶著你的狗兒離家外出時，記得最好將寫有你姓名及電話的狗牌緊緊的綁在牠的項圈上。這樣一來，萬一狗兒不小心走失時，被人拾獲而回到你懷抱的機率也會比較大。

先確認你知道目前旅遊地的寵物相關法律。許多地方現在會要求寵物需要登記，並且固定接受如狂犬病與犬瘟熱等預防注射，以及在公眾場所時必須用狗鍊拴住。在有些地方甚至會特別限制某特定狗種，要求主人必須為這些較具攻擊性的狗種投保責任險。美國有些州甚至會明令完全禁止狗兒進入公園或是沙灘，或是在特定的季節和一天中的特定時間禁止牠們進入。不過在大部分的地區，則僅會要求你清理狗兒所排泄的東西而已。

在自己車上

如果可能的話，從小訓練你的狗兒使牠能習慣坐車旅行。這樣可以減少牠在車裡時的焦慮不安和恐懼，以及移動中發生不適的可能性。

在車中不要讓狗兒有完全的自由，因為這樣有可能會對駕駛者造成干擾，而增加發生事故的可能。如果也為狗兒自身的安全著想，則牠應該坐在旅行車或是掀背車的行李廂位置，並且裝置安全網之類的專門配件以免狗兒跳到前面的座位上。

如果你的狗兒非得坐在後座，試著用安全帶將牠固定在座位上。如果牠的體型夠小，訓練牠能夠安靜舒適的坐在一個由安全帶固定好的旅行用狗籠中，這樣一來也可以防止牠在你緊急煞車時

上圖：雖然住在同一屋簷下的狗兒與貓咪有可能相處融洽甚至彼此相親相愛，但大部分的貓咪仍太獨立且太疏離，所以並不是孤獨的狗兒白天時的好伴侶。

發生意外。

　　如果你車子的空間放得下一只木箱，那就訓練你的狗兒可以安穩的坐在裡面。因為這類木箱甚至成為牠在家中地盤的延伸，所以狗兒可以很愉快的坐在裡面，而且認真的霸占住木箱。這類木箱常被參加狗展的人用來展示他們的狗兒，而且是一個提供狗兒安全、隱密的「私人空間」的理想選擇。一旦狗兒習慣了木箱，則可以帶著一起旅行，提供狗兒一個「出外時的家」。

　　如果你需要將狗兒單獨留置車上，也只能容許短暫的離開一下子。先確認車子是否停在陰涼的地方，並且車內有足夠的通風。因為在太陽底下時，車內溫度有可能會超過攝氏40度，狗兒很快就會發生中暑現象。即使打開窗戶通風，在高溫下車子很快也會熱得難以忍受。不要想當然爾的認為停在陰暗處的車會持續保持陰涼：因為太陽的位置一直在改變，一個原本有遮蔭的位置可能因為時間流逝，而完全暴露在大太陽下。一些特殊的遮陽簾可以被固定在敞開的窗戶上，兼具防止狗兒跳出車外的可能。

休假期間

　　首先確定狗兒的預防注射並未過期，因為在假期中萬一遭到疾病傳染的危險性，可能遠比在住家附近感染嚴重得多。在外出期間，一些體外寄生蟲如壁蝨等有可能會趁機出現，因此最好是能每天為狗兒梳理一下，以提早發現此類寄生蟲的存在。

在巴士、火車或飛機中

　　如果你要搭乘某些大眾運輸工具，你可能需要一個可攜帶的提籃。有些交通工具可能會要求狗兒必須被分開關在另外的籠子裡。如果沒有經過事先訓練的話，狗兒很可能會覺得害怕，所以你要訓練牠能夠安靜的待在自己的籠子裡，並為牠準備熟悉的玩具以及床墊毛巾。

　　在搭乘交通工具的6個小時前，就不要再餵食你的狗兒。如果狗兒曾經有移動中不適或嘔吐等情形時，事先與你的獸醫師討論處理方法。記得實行先前建議的應有訓練，以防止旅途中的不適應。

海外旅遊

　　出國旅遊時，記得準備好你和狗兒的所有相關證件。由於各國的規定都不盡相同，因此出發前先確定你要前往的國家對這方面的相關規定。你可能需要獸醫師所開立的證明書，以確保你的狗兒適合旅行，而且沒有任何可能的傳染病。另外也需要尚未過期的狂犬病疫苗注射證明。有許多國家會要求用他們的語言文字書寫這類文件。

　　有許多地區是狂犬病的非疫區，例如希臘、義大利、葡萄牙、西班牙、瑞典、挪威、瑞士、英格蘭、蘇格蘭、威爾斯、北愛爾蘭以及愛爾蘭共和國（台灣也是非疫區）。有些國家會要求隔離檢疫，不過也有些國家僅要求充分的證明，如晶片注射證明以及血液檢查報告（參見下一段「寵物旅行計畫」）。請洽詢該國的大使館或領事館以得到相關資訊。

寵物旅行計畫（PETS）

　　加拿大的寵物愛好者已經把眼光放在一個類似

「寵物護照」的計畫上,這套計畫在西元2000年已被引進英國。在這套系統中,由英國出發前往特定的西歐國家時,回程便不必再接受隔離檢疫。不過主人必須選擇特定的交通工具,以及特定的地點入境。在此一計畫下,這些西歐地區特定國家的寵物也可不需檢疫就進入英國。

居住於英國地區的狗兒:在英國地區居住的狗兒要想申請「寵物護照」,首先必須有皮下植入晶片的證明,而且必須經由合格的獸醫師施打過狂犬病疫苗。施打疫苗一段時間後(理想狀態約為30天),再由獸醫師抽取血液樣本,並送交經國家認可的實驗室化驗。當通過血液檢驗後,獸醫師將會開立一紙健康證明書給你。

在預計回到英國的24到48小時前,狗兒必須經過治療以確定沒有壁蝨以及一種特定的條蟲 (*Echinococcus multilocularis*) 感染,還要有政府核可的獸醫師所開立的健康證明。

一但注射過狂犬病疫苗,年度的預防注射補強可以讓牠避免感染狂犬病,同時順便延長護照的期限。

居住於歐洲的狗兒:如果是住在歐洲某些特定國家的狗兒,只要遵守與英國居住的狗兒相同的規範,就有資格進入英國。然而,牠們的主人卻必須等待抽血採樣完成後6個月以上,才有辦法提出申請。

居住於狂犬病非疫區的狗兒:在出具由獸醫師簽署的相關文件以及航空公司的許可後,狗跟貓便可以在這些狂犬病非疫區的島嶼和英國之間往來。這些地方包括澳洲、夏威夷、日本、紐西蘭、新加坡以及台灣。

居住於加拿大和美國的狗兒:由於北美洲長期以來都是狂犬病的疫區,原來的寵物旅行計畫並不將來自美國與加拿大的狗兒列入計畫範圍。到目前為止,這地區的狗兒進入英國時,仍要接受長達6個月的隔離檢疫。這個現況將在目前的計畫結果評估成功時,才會重新檢視許可的區域範圍。

寄宿機構

在狗兒年幼時期就訓練牠習慣與你分開,可使你的狗兒足以應付分離。你可以將牠託付給一個可靠的鄰居或是朋友一段時間使牠習慣分離,而且會學習去了解你很快會回來。

寄宿場所的狗籠規格並非是一成不變的,通常跟你的花費成比例。你所支付的費用越高,所應得到的舒適度自然也該符合你的期待。

一個有信譽的寄宿機構會允許你在狗兒住宿前先參觀相關設施。如果打算寄宿,對工作人員陳述將要住宿的狗兒的個性,以及餵食、梳理被毛和運動的習慣。在住家附近的動物醫院多半即有提供,或是請獸醫師給你相關機構的聯絡資訊,並事先做好預防注射的準備。

寵物保母

如果你不認為讓你的狗兒住進一個陌生的寄宿機構是個好主意,那麼你可以考慮雇用一位寵物保母,或是臨時管家來同時照顧你的房子以及狗兒。當地的動物醫院也可以提供類似的資訊。

下圖:如果你想要帶著你的狗兒跟你一起移民,記住有些國家可能需要將狗兒隔離長達6個月之久。相較之下,為牠們找個新主人可能是個比較仁慈的方法,不過你的狗兒可能會因為不了解狀況而導致分離焦慮和寂寞不安。

第四章

狗兒的營養

均衡的飲食

狼 以及其他屬於犬科的野生狗類都屬於肉食動物，而且從食物中攝取大量的動物性蛋白質。但是這種純肉類飲食，並不足以提供許多必須的營養素，因此牠們也攝取一些來自植物的成分，不論是直接攝取，或是來自牠們的獵物胃中含有的，甚至是來自其他種類的食物，包括昆蟲在內。

營養且均衡的飲食

狗就像牠們的野生親戚狼一樣，不可能光靠吃肉就足以維持身體健康。牠們同樣需要脂肪、碳水化合物、礦物質、維生素以及纖維質。（不過如果你想將狗兒的食物加入大量的植物性蛋白質前，請先諮詢你的獸醫師。）

能量

狗兒的食物中須含有足夠的熱量(Kca1，大卡)滿足牠們的能量需求。餵食的熱量多寡取決於牠們的年齡、體格大小、及運動或工作量的多少。狗兒的能量需求也取決其皮膚表面積的大小，這關係到牠們經體表所散失的熱量。以每公斤(或每磅)為單位計算，小型犬通常較大型犬有較大的單位體表面積。舉例來說，一隻2.5公斤(5.5磅)的狗，其每公斤單位體表面積是一隻50公斤(110磅)的大型狗的3倍。所以一隻小型犬所需要的能量，以每公斤

(磅)來計算是相對較高。

所以要決定你的狗兒所需要攝取的正確熱量，必須經常注意牠的體重及健康情形。體重過重的狗兒，就像過胖的人一樣，容易有健康上的問題。

當狗兒所需要攝取的能量，或是營養要求非常高，例如讓牠從事重度勞動（賽狗或是拉雪橇），或者是已處於懷孕末期的母狗，就必須考慮能完全滿足牠們所需進食的量以及營養需求。嚴格來說，一些市售的處方飼料應足以滿足這類需求。

能量相對需求

100%	較少活動的
400%	懷孕末期（或泌乳期）的母狗
300%	重度勞動
200%	一般程度活動
170%	寒冷地區
150%	輕微緊迫（如參展或接受訓練）

巨型的狗種可能需要比上述表格高出50%的能量需求，而依照狗兒個體差異可能有上下20%的誤差範圍。

不同情形下所需飲食

根據以下情形，狗兒需要不同類型的飲食：

o 年齡或成長階段——幼年期、青少年期、成年期、老年期

上圖：對肉食性的狼來說，下顎臼齒與上顎前臼齒是特別發育用來切斷、撕裂肉類的。

- 所從事的工作（或運動）量大小
- 狗種——大型狗種成年的時間比小型狗晚，而巨型狗種則另有特殊的飲食需求
- 體型——在同一狗種中，體型不同會造成需求的顯著不同
- 健康狀況的好壞
- 母狗是否處於懷孕或泌乳狀態

狗兒營養比例的建議

註：本圖表僅呈現飲食中的乾燥成分比例

	蛋白質	建議範圍	脂肪	碳水化合物
發育期	32	28~32	15	40
成年	22	22~25	8	50
重度勞動	34	30~36	20	34
非常重度活動	38	36~45	25	25
懷孕(泌乳)	32	25~32	15	40
老年	22	15~22	8	50

上述建議是有彈性的，且本圖表僅作為一個參考。如果你想要在家中自行調配狗兒的飼料處方，建議還是先與你的獸醫師討論。

購買市售狗食或是自行烹調？

如果你選擇自行烹調狗兒的食物，則必須考慮將烹調時的前置準備時間也計算進去。你能夠持之以恆的為狗兒烹調食物？你所準備的食物具有狗兒所需的所有營養？

你必須考慮所花費的金錢。大部分主人會選擇購買市售的狗食，不過偶爾會自行烹調狗食。

如果你現在飼養的是幼犬或是懷孕的母犬，市售的狗食可能會是比較合理的選擇，因為它們已經設計好提供成長及發育所需的足夠營養。並且會特別考慮到鈣與磷的含量與比例（兩者應該相等），而這點是很難在家中的廚房做到的。而老年期的狗也需要特別的照顧，而市售的狗食大都可以供給牠們逐漸變化中的營養需求。

上圖：通常來說，以市售的高品質狗食餵食幼犬是最好的，因為這類狗食均已調配到能提供精確的營養需求。

市售狗食

一個有名的市售狗食品牌，其名聲通常是建立在能兼顧不同成長階段的狗兒營養所需。許多廠商均雇用了大批營養專家以及獸醫師，針對其產品作分析、實驗並進行改良，以確保其產品能夠達到國際要求的水準。一種營養均衡的市售狗食應該是非常容易餵食入口的，而且所含的各種營養素份量，都可以很精確的測量出來。

市售的狗食可以根據水分的含量不同（同類型的有時亦有些許不同），分成下面幾個類型：

○ 罐裝濕式狗食：這類食品通常含有高達78%的水分（大約與新鮮肉類相等）。罐裝狗食通常不須特別防腐保存，因為在烹調過程已經殺死了所有細菌，而且罐裝密封可以防止日後可能的污染。

○ 狗用香腸或肉捲：通常這類狗食中含有約50%的水分。狗用香腸雖然大都已經過防腐處理，但是還是需要冷藏以保持新鮮。

○ 半濕式狗食：水分含量大約在25%左右。這類狗食通常已經做過防腐處裡，而且不需要冷藏來保鮮。但是因為本類型的狗食通常含有高比例的碳水化合物或是糖分，因此並不適合餵食給患有糖尿病的狗兒。

○ 乾式狗食（亦稱完全食品）：含有的水分比例大約只有10%，而且都經過防腐處理，不需要冷藏保鮮。此類狗食非常容易保存，十分的衛生而且多樣化，足以供應不同狗種以及各年齡層的狗兒所需（不過亦有強調不做防腐的乾狗食）。

○ 狗餅乾：大多只有約8%的水分含量。這類狗食大都經過防腐處理，不需要冷藏保鮮。

就營養學的觀點上來說，乾狗食跟濕狗食並沒有任何差別，因為它們在養分的含量以及比例上大致相同。不過從另外一方面來看，濕狗食對狗主人而言，花費會高得多，因為其所含有的高比例水分，就營養的觀點來說等於零，而且是需要付費的。

在這裡也提出一些警告，就是有些市售的次級狗食，常對營養成分標示不清，甚至沒有任何標示。根據有些國家的銷售（製造）規定，有信譽的廠商都必須將完整的營養成分標示於狗食包裝上，並且註明營養「均衡且完整」。

這類標籤通常會列出主要原料，以及所含營養成分（如蛋白質、脂肪、鹽分）和纖維素比例。不少廠商亦同時針對不同體重、生長階段以及運動量，標示出所需餵食的量。這些狗食通常也標示了每公斤（盎司）重量所含的卡洛里（Kcal）量，可以幫助你決定該餵你的狗兒正確的狗食量。

狗點心以及狗嚼骨

這類食品通常含有高比例的脂肪以及碳水化合物。可以在當你需要獎賞狗兒，或是準備一些東西來引起牠們興趣時餵食。然而，因為此類食品所含的高熱量，所以在給食時必須斟酌考慮餵食量，以免妨礙到正餐的攝取。

左上與右上圖：濕式狗食與乾式狗食在營養成分上並沒有差別。
左下與右下圖：雖然濕式狗食通常較貴。有時可給些高脂肪的小點心當作獎勵用，並酌量調整一般正餐的食物攝取。

動物醫院所提供的食物

有些市售的狗食，必須經由動物醫院和寵物店的管道才可以購買得到。由於這類飼料的配方較為專業，它們的成分和品質相對於超市量販店所銷售者，會比較有保障。通常這類專業狗食中不會含有超市狗食中所含的植物性蛋白質（TVP）。

另外還有一種僅止於動物醫院所銷售的，是專門針對某些特殊疾病所調配的「處方飼料」。這類的特殊處方食品通常是針對懷孕或是泌乳中的母狗，或是協助狗兒手術後快速恢復或是外傷造成的傷口，以及貧血或是癌症的狀況下輔助治療的作用。

另外也有狗食的配方是針對口腔保健所設計的，這類狗食通常都需要配合一些狗餅乾以幫助減少牙菌斑的產生。

家庭調配的狗食

如果你仍傾向於餵食狗兒家中烹調的食物，請確定你所選擇的食物中確實含有足夠種類與含量的營養素。

> **警告：**
> 過度補充維生素與礦物質會導致嚴重的健康問題

一種較為普遍的家庭狗食是由絞肉或是瘦肉切片混合蔬菜、米飯甚至麵條，然後放入壓力鍋中煮成。你可以大量準備此種狗食並用便當盒分裝，然後早餐以一般市售的狗食餵食，晚餐則餵食這種主食。

不過食物經過烹煮，會流失部分的維生素，而烹煮過久還會大幅破壞食物的營養價值。因此就像一些知名狗食廠商的作法，你必須補充一部分狗兒所需的維生素。

這類補充性營養品通常包括鈣粉或是骨頭等含鈣（以維持身體中鈣、磷成分的均衡）、碘、維生素A和維生素D的食物。一些已經含有正確成分的補充食品在動物醫院或寵物店都可以買得到，不過購買使用前建議你還是先與獸醫師討論。

上述的補充性營養品在某些特定情況下是特別需要的，例如在疾病或是承受壓力的情形下——建議你這類情形還是詢問你的獸醫師；因為此類補充在一些特殊治療性處方飼料中更為完整。

自製的維持型狗食

此類狗食僅適用於維持——即狗兒處於一個健康且沒有任何緊迫壓力的情形下。此類狗食是調配來補充光吃肉類所造成的營養素缺乏情形。肝臟包含了維生素A、D、E以及多種維生素B。玉米油則提供所必須的脂肪酸。而骨粉則提供均衡的鈣磷含量。另外碘鹽則提供碘。

下面的數字是根據一隻10公斤（22磅）的狗兒所計算的量，而必須根據體重輕重再作一定程度的調整。供應食物量的調整則需根據狗兒所需的熱量計算——這處方所含的標準熱量是750大卡。而這個食物處方可以冷藏於冰箱中數天之久。雖

米飯類澱粉	140g（5oz）
肉類（含中等脂肪）	70g（2.5oz）
肝	30g（1oz）
骨粉	8g（0.3oz）
碘鹽	3g（0.1oz）
玉米油	5ml（一茶匙）
水	420ml

上圖：家中自製維持型飼料成分：確定此混合物提供正確的營養素種類以及含量。

然如此，不過狗與人類一樣都比較喜歡剛調理好的食物，因為味道與口感一定比冷藏後再加熱回溫的狗食來得好。

首先將水與米飯充分混合烹煮約20分鐘，然後加入其他材料，再繼續烹煮10分鐘。

而藉由肉類與米飯的比例互換，可以準備出一種比較香、較有肉味的狗食。而這樣所含的熱量幾乎沒有差別，但是蛋白質含量則會因此加倍。

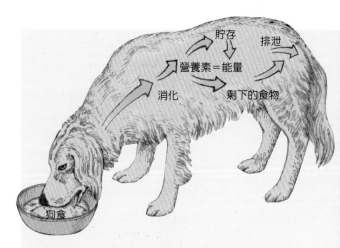

「食物鏈」：狗兒的消化過程

自製狗食所含營養成分

即使你打算僅以市售的狗食做為家中狗兒唯一主食，也不要跳過此一段落。因為這包括了關於提供狗兒一些額外食品如：蛋、牛奶、油等的重要資訊。

肉類以及肉製品：全部由紅色及白色動物性蛋白、維生素B群、脂肪與熱量組成。不過各成分的相關比例則必須視肉的種類以及所切部位而定。

	蛋白質	脂肪	熱量
	(平均百分比)	(平均百分比)	(Kcal/100g)
牛肉	20	4.5	122
雞肉	20	4.5	122
羊肉	20	8.8	162

所有的肉類都缺乏鈣，以及輕微的缺乏磷。而鈣磷的比例隨著肉的種類不同而有非常大的差距。從兔肉的10:1，牛心肉的30:1到新鮮肝臟的360:1。而狗兒通常需要的鈣磷比例大約是1.3:1。

所有的肉類同樣缺乏維生素A、D還有碘、銅、鐵、鎂、鈉等。一塊較廉價的肉所含營養成分不會比一塊昂貴的肉差。但是不管買哪一種肉都必須經過煮熟以除去肉類中可能含有的條蟲（參見

101頁），某些國家要求羊肉必須煮熟至某特定溫度，或是冰凍於一特定溫度下至少一段時間。

然而肉類經煮熟後，勢必會流失大量的維生素B。

肝臟是一種含有多種營養素包括蛋白質、脂肪與脂溶性維生素A、D、E以及維生素B的食物。雖然過多的維生素A可能會導致不正常的骨骼發育，不過在烹煮的過程中會減少維生素A的含量。在一般的原則下，不要讓狗兒的食物中肝臟所占比例超過15%。

相較於牛羊豬肉的紅肉，雞肉會是一種相對較容易消化的蛋白質，尤其是有部分狗兒對紅肉中所含的特定蛋白質過敏，甚至會因此導致皮膚發炎，這時雞肉就比較適合。

魚類：魚類中包含兩種：一種是白肉魚，營養成分組成大致上跟瘦肉相同；另一種是脂肪魚、油魚：包含了大量的維生素A及D。所有的魚類都含有大量的蛋白質和碘，但是缺乏鈣、磷、銅、鐵、鎂、鈉等。

記住不要餵你的狗兒生魚片，因為其中含有硫胺素腪，會分解維生素B群中的硫胺素。絕對不要給狗兒魚頭或是內臟等部分。而油魚（如鮪魚）

本頁與次頁：狗兒喜愛的副食品；如果你通常餵你的狗兒市售的狗食，雞蛋、魚、起士、油以及蔬菜可以提供高營養的變化組合。

類包含了大量的不飽和脂肪酸，過度的給予可能會導致脂肪代謝物堆積於皮下造成的發炎與疼痛（即爲痛風）。

魚骨頭只有在經過壓力鍋煮軟或是果汁機絞碎後，才可以餵給狗兒。蒸或是燉煮也可以軟化魚骨頭，但過度的烹煮勢必會破壞其他的營養成分。經過壓力鍋所煮出來的魚肉會比肉類更具營養價值，因為魚肉的營養均衡度較肉類為佳。

蛋：蛋包含了鐵、蛋白質以及大多數的維生素（不過維生素C除外）和碳水化合物，而且生蛋特別具有營養價值。不過吃太多的生蛋亦會造成傷害，因為生蛋中含有一種卵白素的物質，會降低維生素B中生物素（對許多生理作用相當重要，如保持毛髮和皮膚健康，以及正常的肌肉作用）的吸收率。根據一些資料，一隻30公斤的狗兒每週所餵食的生雞蛋不要超過兩個。不過如果你只餵食蛋黃部分，則可以將生雞蛋的數量增加到4個。另外把蛋煮熟會降低蛋中的卵白素含量，也會破壞蛋中其他的營養成分。

牛奶和起士：新鮮的牛奶中富含蛋白質、脂肪、碳水化合物、鈣、磷、維生素A以及維生素B群。

牛奶對幼犬來說是一種非常好的鈣質來源，但並不是每隻狗兒都可以飲用。因為牛奶中含有乳糖，而隨著幼犬年紀增長，對乳糖的消化能力也隨之減弱——如果餵食大量的牛奶可能會造成腹瀉。而有些狗兒有乳糖不耐症，當餵食牛奶時會造成皮膚乾燥、癢、敏感的情形。起士也是一種相當好的蛋白質來源，很多狗兒都很喜歡這種食物。一般而言都可切成小塊餵食狗兒。因為起士中乳糖含量很低甚至沒有，因此可以放心的餵給有乳糖不耐症的狗兒。

脂肪與油：脂肪在身體中扮演著脂溶性維生素（包括維生素A、D、E）攜帶者的角色，而其中所含的脂肪酸，是維持皮膚以及被毛健康的重要成分。如果缺乏脂肪，會造成皮膚的乾癢，進而造成持續的乾燥以及皮屑產生。

脂肪幾乎是百分之百可消化的，而且普遍存於大部分食物中。植物油以及魚類的脂肪在營養上是比動物性油脂來的好。如果狗食中營養不夠均衡，你可以加入少量的魚肝油（每50公斤體重每天給5ml，或是每10公斤20滴）。給予過多會導致狗兒產生痛風，造成皮下的發炎與疼痛。

絕對不要餵狗兒已經烹調過食物的油，因為其中可能含有一種過氧化物的有毒物質。

蔬菜：狗兒和貓咪一樣，因為體內具有自行合成維生素C的能力，因此不像人一樣必須從食物中獲得。

蔬菜是很好的維生素B群來源，不過過度烹煮會導致這些維生素被破壞。因此可以像煮給人食用一般，用水稍為燙過即可，而且可以跟水一起加入狗食中。根莖類的蔬菜大都富含維生素A，不過最好經過烹煮以增加吸收率。

豌豆和蠶豆可以提供蛋白質、熱量以及維生素B，而黃豆是非常豐富的熱量與蛋白質來源。餵食這些豆類最大的缺點是在消化過程中，會有脹氣以及放屁的問題。不過脹氣的問題同樣會發生於餵食大量的牛奶或是乳製品、高蛋白的食物、馬鈴薯、花椰菜、萵苣、洋蔥等多

種食物上。

穀物：穀物提供碳水化合物，以及部分蛋白質、礦物質以及維生素。通常這類型食物都缺乏脂肪、必須脂肪酸以及脂溶性維生素A、D、E。小麥胚芽則富含維生素E以及硫胺素。

酵母：富含維生素B以及一些礦物質，酵母類食品對老年狗有益，而且即使過量也不會造成問題。

纖維：狗兒通常的食物中至少應包含5%的纖維，大都由蔬菜成分中取得。富含纖維的狗食（約含10%到15%）可以幫助控制肥胖，而且是患有糖尿病的狗兒理想的飲食。因為纖維可以減緩葡萄糖（碳水化合物的最終分解產物）的吸收。

骨頭：含有30%的鈣以及15%的磷、鎂以及部分蛋白質，不過缺乏脂肪以及必須脂肪酸和維生素。大部分的骨頭都具有相似的營養成分比例。食物中含有骨頭比例太高，會導致糞便偏白，甚至發生便秘。

絕對不要餵狗兒雞骨頭或是切塊的骨頭，因為狗兒可能會咬碎而造成危險。魚骨頭也具有危險性，所以除非是經過壓力鍋煮爛，否則也不得餵食。

水分：確定狗兒給水的容器中經常都有乾淨、清潔且充足的水。一隻狗一天所需的水量（不論來自食物或飲水），體重1公斤的狗每天約為40ml。水分的攝取量會因氣溫或是所餵的狗食有相當大的差別，而與狗食中所含乾狗糧的多寡成正比。如果罹患一些疾病如下痢、糖尿病、腎臟病等，也都會增加狗兒的飲水量。

如何餵食狗兒

選擇一個容易清理的區域，而且經常性的使用該地方。使用不常更換且易於清潔的狗碗，如不鏽鋼、陶土、塑膠製品均可，並且於每次餵食後都清洗乾

本頁與次頁：成長中的健康幼犬會很快吃光牠們的食物，然後馬上躺下並進入夢鄉。

淨。餵食的時候請讓狗食保持在室溫即可，不要過冷或過熱。

碗中的狗罐頭食品如未吃完，必須立刻丟棄，不過一些半濕式的狗食則可以放置數個小時，而乾狗糧更可以放置一整天。

如何餵食幼犬： 母狗分泌的母乳富含蛋白質與脂肪，因此在斷奶的前幾個星期，所需攝取的飲食中必須能夠補足其營養所需。一隻成長中的幼犬每單位（公斤）體重所需攝取的熱量，是一般成犬的3倍。而且因為幼犬的胃容量有限，所以必須一日餵食多次含有高熱量的狗食。

市面上可見到多種品牌的幼犬專用配方狗食，其中還分為以穀類為基礎或是肉類為基礎兩種。比起花心思自己調配合適的狗食，這些現成的幼犬配方是你比較應該考慮的。當幼犬還小時，你還可以同時餵給牠牛奶。

在一般性的原則來說，大約8到12週齡的幼犬，每天應該以市售的狗食或自製狗食餵食至少4次。不過你必須儘早決定使用哪一種，之後便固定下來。因為將自製的狗食與市售商品混合，會導致營養的不均衡。

然後在3到6個月齡之間，狗兒需要一天餵食三餐。如果添加牛奶導致成長中的幼犬下痢，那可能是因為乳糖脢開始減少造成的。

從6個月齡起到12個月齡止，狗兒變成每天只須餵食兩餐。如果你想在此一時期變更狗食，則建議漸進的做改變：第1天——新狗食僅佔25%；第2天——50%；第3天——75%；第4天——100%。

如何餵食成犬： 大部分時間裡，多數的成犬都處於不工作、未懷孕的狀態，而且生活在溫和的氣候環境下。牠們可以在定量的情形下每天吃一餐即可，這樣可以比較滿足他們的食慾，且比較能配合家庭裡的生活作息。大

部分的主人會在傍晚或黃昏之際，以及運動過後餵食狗兒。大部分的狗兒需要在進食後1到2個小時左右排便或排尿，因此如果太晚進食，勢必造成主人的困擾。你也可以用少量多餐的方式餵食，這樣既能配合家中成員的用餐時間，也可以確保狗兒的進食情形能被注意到。

大型、胸廓厚實的狗種（如大丹犬或是愛爾蘭獵狼犬）如果一次餵食全部的份量，胃中將會產生過多的氣體，因此最好能將一天所需進食的份量分成幾次餵食。

如果同時餵食兩隻狗兒，最好是能夠隔開一段距離分別餵食，以免兩隻狗兒中較具優勢的一隻搶食另外一隻的食物。

警告

請勿過度餵食你的狗兒。如果生長速率和體重增加太過快速，有可能會造成髖關節的退化。特別注意如果你的狗兒是生長速率相對較慢的大型狗種，已經有研究證據顯示過量的餵食和給予營養品，將會導致狗兒的壽命縮短。

應該餵食多少份量： 你的狗兒必須餵食足夠份量的食物，以滿足牠一天的能量所需，不過亦不能超出所需，因為那只會造成體重增加。狗兒一天所需要的能量不只由牠的活動量來判斷，同時也取決於牠身體的基礎代謝率。狗兒的能量需求並非與其體重成正比：體型越大的狗兒，其每公斤體重所需的熱量越少。舉例來說，一隻2公斤重的吉娃娃每天需要約230大卡的熱量，但是一隻體重重達30公斤（約前者的15倍）的拉布拉多犬，卻僅需要約1700大卡的能量（僅達前者的7倍）。

如果你的狗兒正處於良好的狀況，機警且好動，並有健康的皮膚與被毛和標準的體重，則他一定是攝取了合適的飲食。而如果牠皮膚持續有皮屑產生，並且被毛大量脫落，體重過重或是過輕，反應遲鈍或是無精打采，或者常常過度飢餓及對食物不感興趣，請洽詢你的獸醫師。你也可以經由觸摸肋骨或脊椎週邊的脂肪堆積與否，來判斷你的狗兒是否過重。

絕對不要拿家中的剩飯剩菜在正餐之間來餵食你的狗兒。不過你可以將其儲存起來當作正餐的一部分，或是當作一種獎勵。不過記得這些東西都必須計算其卡路里，並將其估算在狗兒所攝取的飲食當中。

營養方面的問題

如果你餵食狗兒合適的市售處方飼料，將不會有營養方面的問題產生。它們會發生多半因為狗兒：

○ 食用錯誤配方的狗食
○ 正常進食，但疾病降低了牠對食物的吸收或是利用率
○ 許多原因造成的不進食（缺乏食慾）

餵食過少會使狗兒缺乏足夠能量，體重減輕，終於導致絕食。它亦會造成必須營養素的缺乏。而過度餵食則會導致肥胖，以及伴隨而來的健康問題。

毒物造成的危險

維持家中安全對寵物的重要性，並不亞於照顧一個小孩所需。在庭院中的許多植物，以及許多我們經常用於家中、花園、車庫或是倉庫中的用品，對狗兒來說都是具有毒性的。幼犬因為處於愛亂咬東西的時期，所以也特別危險，尤其是牠們還會去嘗試任何從容器中漏出來的液體。

所有潛在的有毒物質都必須上鎖，或必須放置於狗兒接觸不到，且貓咪等其他寵物也不可能打翻的地方。一些可能產生有害蒸氣的物質，則必須在通風充足的地方儲存或使用。

中毒可能發生的症狀

如果狗兒有下列的情形，考慮會有中毒的可能：

○ 突然的嘔吐或是嚴重下痢（1小時內超過2到3次以上）
○ 流口水或是口吐白沫
○ 嚴重心悸或是喘氣
○ 哀嚎
○ 劇烈腹部疼痛
○ 有休克的前兆
○ 精神沮喪憂鬱
○ 發抖、共濟失調、搖晃、抽搐
○ 虛脫甚至昏倒
○ 發現類似過敏的症狀，如臉部周圍紅腫、或是腹部週圍起疹子

怎麼辦

○ 爭取時間緊急送醫
○ 試著確定毒物的種類
○ 進行緊急的解毒治療

上圖：一隻餵食正確的健康狗兒會有光亮的被毛，而且機警、好動、充滿活力——令大部分疲倦、精力耗盡且壓力大的狗主人們忌妒。

- 緊急連絡你的獸醫師，並儘快帶到獸醫院中。
- 如果你發現狗兒所吞下的有毒或未確認物質，建議攜帶盛裝的容器或是包裝一同前往醫院，上面標示的一些資訊有可能會包括該毒物的解毒劑或是治療用藥物。
- 如果你的狗兒有嘔吐過，以乾淨的容器採取部分嘔吐物，然後一同帶往醫院。

緊急處置

如果該藥物是具有腐蝕性的（強酸或強鹼），或者無法確定問題原因時：

- 不要催吐。
- 如果狗兒仍意識清楚，用大量的清水沖洗其口鼻，然後給予一大湯匙的雞蛋白或是橄欖油。
- 儘快前往動物醫院處置。

如果該物質並不具腐蝕性，或是較為中性的毒物（如殺蝸牛毒餌）時：

- 如果狗兒意識清楚且尚未有嘔吐現象，儘快催吐。

- 將嘔吐物用容器裝起。
- 儘快帶狗兒以及裝嘔吐物容器前往動物醫院。

如果要催促狗兒嘔吐，可用下列方法之一：

- 讓牠吞下一兩大湯匙的吐根（一種植物性催吐劑）。
- 將一茶匙的鹽溶解於熱水之中。
- 將一大湯匙的芥末粉溶於一整杯熱水中，每10分鐘重複一次，直到狗兒嘔吐為止。

緊急用解毒劑

吸附劑（可以吸收毒性物質）：如活性碳，將6片裝的一組，或是一兩大湯匙溶於一大杯熱水之中。

保護劑（幫助覆蓋胃黏膜）：一大湯匙的生蛋白或是橄欖油。

制酸劑：一茶匙的小蘇打。

制鹼劑：數茶匙的醋或是檸檬汁。

第五章

了解狗兒的行為

狗兒的社會系統

雖然說狗兒能夠和諧的與人住在一起，本身並擁有近似的社會結構，但是牠們的認知上卻大為不同。也因為如此，牠們與環境間的互動也有很大的差異。所以如果能夠了解狗兒如何去理解認知環境，你將比較容易去了解為何牠們會表現出現在的行為。

狗兒的社會系統

一般人應該普遍都能接受已經家畜化的狗兒，牠們的行為與其祖先——狼有許多的相同處。狼通

常是群體生活的，而群體通常包括一對夫婦，以及牠們的子孫。其中「阿爾法」（支配者）夫婦有極堅定的支配能力，並可以從下列支配行為中看出：在與其他個體一起時特別明顯，站立吠叫時一定是尾巴翹起、頸毛豎起。被支配的下級階層的狼則回應以服從的行為躲避衝突，例如在身旁翻滾，露出身體的脆弱部位，有時甚至在做動作時同時排尿。

通常母狼中會有一隻明顯的支配者，而公狼之中也是如此——「阿爾法」公狼一定與「阿爾法」母狼配對。

狼的階級是呈「金字塔型」的——階級的差別在高階級的個體上非常的明顯，不過在中下階層則沒有明顯差別。

「阿爾法」母狼通常具有高度攻擊性，尤其是在繁殖季節之時。公狼則會對入侵者有攻擊性，但是對群體中其他狼則不會。當牠的狀況不錯時，群體的階級就會因服從而維持下去。

動物觀察家可以很清楚的分辨出「貝塔」，或是階級中第二高位的的雄性——牠通常是群體中最具攻擊性的公狼。而且大部分的情形，他的攻擊性是直指「阿爾法」公狼——尤其當後者年齡變大而且易受攻擊時，牠就會取而代之。

上圖和下圖：就像狼一樣，在社會結構較低層的狗兒會藉由夾著尾巴、打滾以及暴露出身體的脆弱部位來表示服從。

狼通常是群體一起狩獵的，不過支配者會比被支配者先進食。

「阿爾法」（支配者）夫婦的幼狼是由群體共同扶養的。因為其他的狼並不生育，而整個群體會一起來照顧這些後代。這樣的做法也增加了牠們生存的機率。

家犬在表現出這種行為上會有很大的不同。群體的狗兒也會形成階級，不過階級的優劣勢卻沒有表現的如此明顯。那可能是因為現代狗兒的許多臉部以及身體特性已經不足以用來溝通——試著想想一些短吻又斷尾的狗種，牠們恐怕很難去擺出一些典型的狗兒姿勢。

現代的狗兒比狼更會發出叫聲，可能是因為人類選擇培育時希望藉由叫聲來警示闖入者的關係，同時也選擇了「幼犬型」特性的結果。

人狗之間的關係

人與狗能夠產生出緊密且親密的關係，大概和具有類似的社會結構有關。人類的社會系統中包括了領導者與跟隨者，而這個規則是由比較強壯有技巧的人，以其能力來保護弱小、地位較低的人所延續下來的。這樣的道理也同樣存在於狗兒的社會中。

跟人類一起居住的狗兒，會將人視為自己家庭或社會的組合成員，而且會迅速的理解人類中較高層和次高層的存在。因此，讓狗兒了解牠在家庭中的地位是非常重要的。

最理想的狀態是，家中所有的人相對於狗兒們都是較高層的。而要達到此情況必須了解並注意狗兒的行為。家人可以花點時間坐在狗兒的床上，或是牠最喜歡待的區域。從幼犬時期開始，

上圖：當你與你的狗兒玩耍時，在這個互動中很重要的是要維持一個直立的姿勢。如果你讓你的狗兒趴上身體，牠可能會將此視為一個服從的表現。

分界，則有可能會因此變得有攻擊性。

狗兒的嗅覺範圍

在所有的家畜之中，狗具有最敏銳的嗅覺。能偵測到氣味的神經細胞，是位於狗兒鼻子的內側部位，因為具有大量的皺折，實際面積高達150平方公分，約是人類的30倍左右。同樣的狗兒的嗅覺偵測（嗅神經）細胞的密度也比人類高得多——雖然隨狗種不同有所差異，但是相對於人類只有總數約500萬的嗅神經細胞，狗兒的總數則高達2億3千萬之多。

因此，狗兒常能以高出人類一百萬倍的集中力來偵測氣味。當你牽家中狗兒出去散步時，牠正處於一個充滿味道的世界中，收集一個由已經被稀釋一千萬倍的氣味來的資訊，而你甚至都還沒開始聞到！

狗兒能聞到氣味的範圍，也遠比人類來得廣。人類平均約可嗅得出1000種左右的氣味，而專家可以達到4000種，但是狗兒能分辨的遠遠比這個數字多得多。

雖說嗅覺能力是隨狗種不同而有差別的，不過其中最優秀的當屬獵犬，因為牠就是為了這個目的被培育出來的。而尋血獵犬更是其中最優秀的：這種動物會跟蹤人類腳步所留下的氣味，甚至隔

一天中至少必須有一餐，狗兒是在家人都用餐完畢後才餵食的，這等於是說一個組織中，統治者進食完畢以後，才輪到被統治者進食一樣的意思。當然要進出門口時，狗兒會被要求靜坐在一旁等待，禮讓人類先行。在狗兒身邊時，人類應該維持直直站立的姿勢以表示優勢。如果你躺在地板上，而且讓狗兒任意趴在你身上（就像小孩子玩耍一樣），你的狗兒會認為這是一個下屬的表現——這可能會導致狗兒在你下次表現優勢姿態時，挑釁你的既有地位。

如果幼犬在18個月前沒有給牠建立明確的地位

下圖和上圖：在狗兒的嗅覺世界中，尿液帶有相當重要的訊息。因為這個理由，狗兒常常在固定的地點尿尿，以便留下牠的「記號」。

著皮靴，在留下腳印4天半後仍可以嗅得出來。

嗅覺對狗兒來說有著非常重要的溝通上的意義，因為一些分泌特殊氣味的腺體都分布於狗兒的頭頸部以及生殖器周圍，所以狗兒們在見面時，才會一直嗅這些區域。

兩個主要的腺體（肛門腺）位於肛門的兩側，正可以分泌強烈氣味以包裹住糞便，以留下氣味

訊息給其他的狗兒（該氣味能在環境中持續相當長的時間）。而這腺體的氣味每隻狗兒都不盡相同。因此當你的狗兒在嗅聞路旁的糞便時，牠是正在學習狗兒的社會狀況，包括何時以及由哪一隻狗兒所留下的。

尿液對狗兒來說一樣充滿資訊：哪一隻狗兒經過，多久以前經過的，以及該狗兒的生殖狀態。

狗兒的嗅覺器官

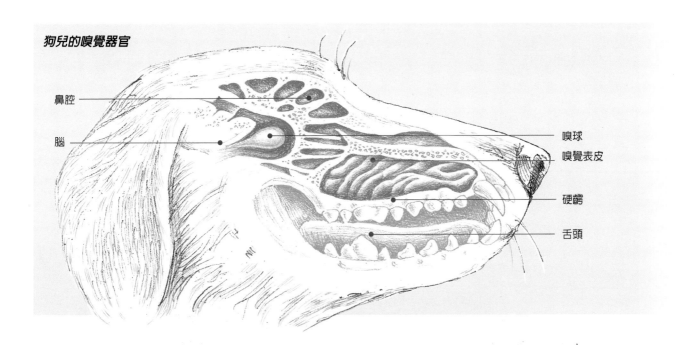

鼻腔
腦
嗅球
嗅覺表皮
硬顎
舌頭

上圖：尋找違禁藥物只是狗兒以鼻子為人類服務的項目之一，嗅覺靈敏的狗兒甚至可以藉由氣味追蹤地震、雪崩、山難犧牲者，甚至樹林中的蕈類。

狗兒的視覺範圍

　　狗兒的視覺能力在4個月齡時發育成熟，在這之前許多物體都顯得模糊不清，這也許可以解釋為何一些幼犬看起來總是充滿恐懼不安的樣子。

　　在大部分的狗種來說，眼睛是被安置在頭部的單側，所以牠們的雙眼立體視覺範圍是遠比人類小得多的（大約少20度角）。雙眼立體視覺的範圍隨著狗種的眼睛位置不同，而有相當大的差別。

　　雖然狗兒的雙眼立體視覺上不如人類，不過牠們的側邊視覺能力卻比人類寬廣（約多出70度）。這也使牠們對週邊環境的警覺心比人類更強。牠們甚至可以比人類細微十倍的視力去偵測到物體

的些微移動。

　　視覺信號也是狗兒溝通的重要管道。如身體姿勢、耳朵位置、尾巴位置、移動以及被毛狀態都可以表達出牠們的不悅或是其他意念。

　　你的狗兒會對肢體語言上的些微改變（在狗或人類都有）產生反應，而這些改變甚至你都未曾發現。這可以解釋狗兒為何在陌生人接近時，會突然發出狂吠。牠們的肢體語言也許對你來說很平常，可是在狗兒眼中卻對牠有威脅。

　　狗兒有著並不完全的彩色視覺，而那使牠們僅能靠著顏色分辨物體——如顏色陰影深度不同，然而，這卻無法使狗兒清楚的分辨物體。

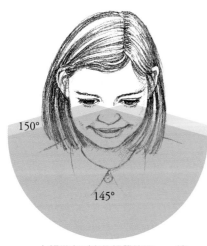

人類從左到右的視覺範圍——總共150度——其中145度雙眼的視覺範圍重疊

貓咪從左到右的視覺範圍——總共275度——其中130度雙眼的視覺範圍重疊

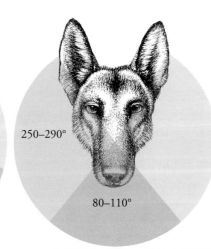

狗兒有最大250度到290度的視覺範圍，其中只有80到100度重疊——比人類的為小

上圖：不需要為你的狗兒準備一個特別明亮的飛盤：亮度跟影像並不容易被分辨，不過移動卻很容易追蹤。

狗兒的聽覺範圍

使用聲音來做溝通（叫聲溝通）對狗兒來說是很重要的。尤其是在視力受妨礙的狀態下，例如是被毛過長遮蔽。狗兒會製造出多種的聲音，例如低吼、吠叫、嚎叫、哀鳴以及咕嚕聲，而分別被用在不同的含意上。

跟人類比較起來，狗兒聽覺的能力是遠遠勝過人的。聲音是一種「波」的傳遞，而其頻率測量單位則被稱為赫茲（Hz）。頻率越高，則聲音越尖銳。

人類的平均聽覺範圍大約是在20到20000赫茲左右，然而，狗兒卻能聽到20到65000赫茲範圍內的聲音。而他們最敏銳的範圍大約是在500到16000赫茲之間。有些狗兒（甚至貓咪）不喜歡真空吸塵器，甚至有些二行程引擎，可能是因為這些機器會發出難以忍受的高頻率聲音，不過人類卻聽不到。

我們稱為「無聲」狗笛的東西，也就是它能夠吹出非常高頻率的聲音，但是卻超出人類所能聽到的範圍。

測量聲音大小（響度）的單位被稱為分貝（dB），零分貝是表示從人類所能聽到的最下限開始計算。舉例來說，樹葉的沙沙聲大約是10分貝，低聲談話大約35分貝，動力車輛的聲音約為50到60分貝，電鋸大約為110分貝，而噴射機噪音約為140分貝。非常大的噪音可能會「傷害」你的耳朵，而人類所能容忍的上限大概是120分貝左右。

因為狗兒的聽覺比人類敏銳得多，因此牠可以比人類先聽到一些模糊的聲音。舉例來說，一個人類站在發音源外6公尺剛好可以聽到的聲音，大部分的狗兒可以在25公尺之外就聽見。狗兒可以聽見個遠在10公里外接近中的雷雨雲，遠遠比人類快的多。

因為狗兒對聲音的敏銳，所以牠們對一個愉快的、適當的聲音反應最好。這就是為何當獎勵一隻狗兒時需要用輕柔舒適的聲音，而命令或訓誡時則必須要用低沉沙啞或較大的聲音。不管用在獎勵或是命令上的聲音，都必須簡短、簡單和明確（參見56～63頁，〈如何訓練你的狗兒〉）。

如果伴隨著觸摸狗兒的身體，則聲音造成的刺激效果勢必會降低，因為肉體上的刺激會覆蓋聲音命令。所以當你正在對牠下命令時，不要不經意或是剛好觸摸你的狗兒。

有了這些高度特化的聽覺裝備，狗兒甚至可以聽到很遠或是不清楚的聲音，並且偵測出確實的發聲位置

具有精確的肌肉控制的大型外耳殼可以準確鎖定聲源位置

半規管

內耳

三小聽骨（槌骨、砧骨、鐙骨）

耳蝸

外耳道

大型的鼓室，可以當作共振腔以及聲音的放大

第六章

如何訓練你的狗兒

以及家中成員

絶大多數的狗主人都會渴望一隻完美的狗伴侶：聽話、安靜且在公眾場合行為規矩。很不幸的對某些人來說，這個夢馬上就粉碎了。他們被寵愛的狗兒帶去散步，而非帶著狗散步、在貴重的衣服上留下沾滿泥巴的腳印、追逐貓咪、對著年長的路人狂吠，而且不能單獨留在車上以免愛車內的裝潢、座椅被破壞。

你該如何避免自己遇上這類麻煩事呢？就是當你帶回這隻幼犬時，馬上開始訓練牠。

然而，在這裡要記住一點，就是訓練事實上也是一種夥伴關係。不只是你的狗兒需要接受訓練而已，同時你和你的家人也要。如果家中只有某一個特定成員能夠使狗兒聽話，而其他的人卻不行，那並不是一個好現象。即使狗兒通常是認定某一個家人作為牠在家庭中的領袖，但是其他人仍必須維持較狗兒更強勢的地位。

幼犬訓練學校

此類學校通常經過獸醫師檢查，在沒有遭到任何疾病污染的區域中設立的。學校創設目的，就是讓幼犬能夠在一個不會被疾病傳染的環境接受社會化訓練，並能幫助狗主人在帶回幼犬後就馬上開始訓練，通常在狗兒7到8週齡的時候。現在已有證據顯示，上過幼犬訓練學校的狗兒會比沒有上過的更懂得遵守命令，而且更容易控制。

如果可能的話，再帶你的幼犬回家時馬上讓牠參加幼犬訓練學校，並且每天兩次花10分鐘反覆練習你這個星期所學的東西。

一旦完成了幼犬學校的訓練，你仍要讓狗兒每天練習所學。在這段期間你的幼犬會開始需要預防注射，而且你也會開始帶牠出去。在散步期間仍不要忘記經常練習期間所學的東西。

如果你希望進一步讓狗兒接受訓練，你可鎖定聲譽良好的訓犬中心(參見63頁，「進階訓練」)。

在家中進行的基礎訓練

雖說訓練學校會提供基本的訓練課程，但是你可能會在等待學校開辦新課程之前，先在家中開始訓練狗兒。8週齡的幼犬是學習快速時期，大部分能很快學會4個最簡單的命令──「坐下」、「等一下」、「過來」、「跟上」──在大約3個月齡的時候。

大部分的幼犬都會為了食物獎品而努力。而在英美等地，乾製的肝臟是相當普遍的。如果狗兒並不喜歡前者，可以考慮給牠狗餅乾或是起士。

在剛開始訓練的階段，最好是全程使用食物做為獎品。漸漸的，你可以開始間斷的使用獎品，到最後完全不使用，而只是以撫摸來當作獎勵。

上圖：第一隻導盲犬是由德國政府在第一次世界大戰後訓練出來幫助失明的士兵的。在今日拉不拉多犬現在是最受歡迎的導盲用犬種。
上右：一條給幼犬或是小型犬用的軟質肩部拉繩與狗鍊。

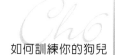

基礎命令

在教導下面所列出的命令中，「坐下」是最輕易被學會的命令，而「過來」則是其中最困難的。訓練最好是能在狗兒綁著狗鍊時進行。

坐下： 站在幼犬的面前，在牠眼前拿出給牠的獎品，放在大約你的耳朵高度，然後要求牠坐下。為了要得到獎品，狗兒必須要抬頭，並且把頭向後仰，而在這個動作的過程中，牠就可能會自然而然的將屁股坐在地上。

不過有些幼犬可能會倒退走而不是坐下。如果你遇到這種類似的問題，則在要求牠坐下之前，先讓幼犬站在牆腳。大部分的狗兒都能很快學會這動作，而且經過一週左右的訓練就能夠做得很好。

趴下： 首先要求幼犬坐下，然後在做到後給牠獎品。接下來拿著另外一個獎品並移動到牠前腳之間低於胸部的位置，同時發出命令「趴下」。因為鼻子跟著食物的位置移動，幼犬就會逐漸移動到趴下的姿勢。而就在幼犬做到這個動作時，放開獎品並且撫摸牠。

有些幼犬一開始時只會趴到一半左右。如果這

樣的時候，利用你另外一隻空出來的手，溫柔的按牠肩膀直到牠趴下為止。

等一下： 先要求狗兒坐下或是趴下。然後站在牠旁邊並在牠眼前平伸出一隻手，發出命令「等一下」，然後前走一步，停一下，然後退回來並撫摸幼犬。

慢慢漸進的增加你離開幼犬間的步伐數。如果幼犬移動了，大聲的說「不行！」，然後將牠推回原來的位置，然後要求牠再做一次。如果每天練習，在大約2到3週左右，狗兒就會乖乖的在原地等待，直到你走到房間的另一端並走回牠旁邊。

跟上： 在幼犬坐著的時候，鼓勵牠往上看著你握著獎賞的那隻手，然後以「有趣的」聲調與牠講話。這意味著將你說話時的腔調與聲音可能會讓你變得十分天真。

使用獎賞和撫摸，來教導你的狗兒『坐下』和『趴下』

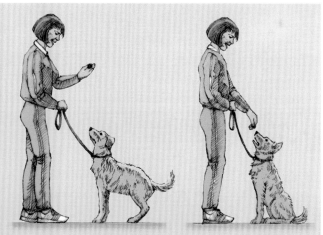

坐下： 對你的狗兒說「坐下」，將獎賞放在狗兒耳朵高度並盯著牠坐下。然後將獎賞給牠並撫摸牠。

趴下： 先命令狗兒「坐下」，然後獎賞牠。接下來，拿著另一個獎賞並移動到牠前腳之間低於胸部的位置，同時發出命令「趴下」。然後給狗兒獎賞並撫摸牠。

上圖：「坐下」的命令是最容易被學會，而且通常也是第一個被教導的。狗兒會對正面的學習經驗做出快速回應，並且在3個月齡時，也應該學會「等一下」。

接下來往前走，並發出「跟上」的命令，鼓勵狗兒跟著你前進但始終抬頭看著你。還有始終維持狗鍊在放鬆的狀態，千萬不要用力拉著幼犬跟你走。過程中並持續的重複「跟上，乖狗狗，看這裡」。當狗兒可以邊走邊往上看時，給牠應有的獎賞，不過仍要繼續的往前走。這樣會使狗兒認知到繼續往前走便可以得到獎賞。如果你是停下來給牠獎賞你狗兒會把停下來跟獎賞聯想在一起，然後拒絕再繼續往前走。

過來：你可以整天在不同的情況下練習此一命令，並且總是準備好給狗兒的獎賞。呼叫狗兒的名字，然後接著命令「過來」，當牠過來的時候給牠一點獎賞。當你呼叫牠時，要盡量表現出十分有趣的聲音，讓牠能忽略環境中其他使牠分心的事物。

當你的幼犬走向你時，獎賞牠就像是今天最有趣的事情一般。你必須要讓他覺得回到你身邊是值得的，尤其是在環境中還有那麼多新鮮事等著牠去發掘的時候。

當你帶著你的幼犬或其他狗兒出門時，記得使用可伸縮的狗鍊，而且在你確定他們會自己回來之前，不要讓他們自由的在公眾場所隨便亂跑。

這項的訓練可能得花上一年的時間，可以說是對幼犬而言最困難的訓練項目之一。

很重要的一點是你絕對不能也不要因為幼犬沒回到你身旁而處罰牠。如果牠忽略了你的存在，那麼安靜的前進並且抱住牠（如果你是在家裡的封閉空間中工作的話）。命令你的幼犬坐下，然後獎賞和撫摸牠。然後陪牠玩個小遊戲，使你們兩個都感到快樂。

持續的嘗試，直到最後你的努力跟心血終究會得到回報的。

安靜：有些狗兒會有受到很小的刺激也很容易吠叫的傾向。這時教導狗兒「安靜」的命令是相當有用的。

在狗兒安靜的坐下或是趴下時，開始這項訓練。邊撫摸牠邊說「安靜」，而且整天都重複做同樣一個動作。當狗兒因為某件事情而吠叫時，將牠叫過來你身邊，並要牠坐下，然後要求牠安靜下來。當牠真的安靜下來時，撫摸牠並給牠獎賞。

使用最新的方式，來誘使你的狗兒遵守『等一下』和『跟上』

等一下：用獎賞和撫摸先要求狗兒「坐下」然後「等一下」。重複「等一下」命令並慢慢退後。然後再重複這過程一次。

跟上：在幼犬坐著的時候，鼓勵牠往上看著你握著獎賞的手。接下來往前走，並鼓勵狗兒跟著你前進但始終抬頭看你，同時重複發出「跟上」的命令。在狗兒可以自由跟上並抬頭向上看時，給牠獎賞。

上圖：軟性的肩部拉繩可以用於散步時並預防狗兒咬其他的狗。

因為對不熟悉的聲音或闖入者吠叫是狗兒天性之一，這項命令頂多只能控制吠叫，而沒有辦法剝奪狗兒想叫的慾望。

銜回：有些狗種天生就是很好的拾獵犬，其他的狗種則只是一開始抓不著訣竅而已。狗的天性上，牠會想要去拾回東西和邀請你拋出牠嘴巴裡所含的東西，好讓牠去追回來。如果你丟出一個球或是類似的東西，你的幼犬可能會去追逐，並想辦法把它撿拾回來。

一開始時先鼓勵幼犬去追逐你手上拿著的玩具，然後開始試著拋出一小段距離。跟著幼犬一起前去，然後撿起該玩具並交給牠，然後帶著牠回到原來的起點處。同時給牠記住一個命令「撿回來」。

剛開始訓練幼犬時可以使用可伸縮的狗鍊，這樣一來你可以有效的控制住牠的行動範圍。

有些幼犬會在銜回東西之後，卻不肯從嘴裡放開。你可以用獎賞的餅乾或是牠最愛的玩具來交換銜回的東西就可以克服問題。到後來，狗兒會因為追逐丟出去的物體得到的樂趣足夠成為獎勵，而鼓舞幼犬放下牠所拾回的物體。

天性適合當拾獵犬的包含了所有的「獵鳥犬」，其中包括拉布拉多犬、指示犬、塞特犬及貴賓犬。其他也適合訓練拾回東西的還有德國狼犬、大麥町和大部分的梗犬，及許多的混種犬都是。

處理幼犬粗魯及咬人的行為

幼犬常會在與人玩耍時咬人，就像牠們與其他幼犬玩耍時一樣。這類玩耍時的咬人行為可能會演變成非常難以解決，特別是在一些沒有進過幼犬訓練學校的狗兒。

在幼犬之間玩耍時，如果其中一隻咬其他的幼犬太用力，那麼被咬的那一隻可能會尖銳的哀嚎，並馬上轉身背對咬人那一隻不再與牠互動。如果被激怒的話，有可能會對咬人那隻咆嘯或是發出聲音，不過這通常不是很必要的。通常咬人的幼犬會被同伴的反應驚嚇並退開。接下來的接觸就會比較輕柔一點。如果你的幼犬咬你，大聲的發出「好痛」的聲音並轉身離開。忽視咬人的幼犬，如果可能的話，甚至可以將牠單獨留在房間裡5分鐘。然後回到房間裡，叫牠過來，命令牠坐下並輕輕撫摸牠。如果再發生一次，則重複這個步驟，那麼這處理方法會讓你的幼犬很快發現咬人讓牠被主人忽視和棄之不理。

但是有些幼犬即使使用此方法，仍是會持續咬人。

如果能要求你的獸醫師或訓犬中心在你做之前先示範一次，那會是一個很好的主意。

避免以「順著幼犬的意思」的玩法當作玩耍的誘因。這只會鼓勵幼犬繼續咬人以及玩起來更粗魯。如果你仍想讓狗兒從事一些遊戲，你可以選用會發出聲音的玩具，另外絕對不要讓幼犬拉扯你的袖子或是衣角。

上圖：雖然羅威那犬並不是天生的拾獵犬，但是牠們仍然可以被訓練來撿拾東西，這也是牠們重要的服從訓練和運動之一。
下圖：一條供小型和中型犬用的軟質快扣式項圈以及拉繩

的情形下撫摸牠，如果牠做出要跳起的動作，那訪客必須停止撫摸牠並起身離開。一旦狗兒安靜下來，訪客就可以轉身並撫摸狗兒。

如果狗兒在家中任何人回家時都有此類行為，則家中成員也可以互相以同一方法幫忙訓練。狗兒馬上就會知道牠一但跳起就會被人忽略，這樣一來牠們就會將行為模式改變為跑到訪客或主人面前並安靜的坐下。

預防跳起的幾個要點：
○ 不要鼓勵你的狗兒站起來或是跳起來撲向你以吸引你的注意。
○ 在你問候你的狗兒或是幼犬時，不要讓牠們過度興奮。
○ 在你把注意力轉向牠之前，命令牠坐下或躺下。

跳起

有些狗兒在有訪客到來或是主人回家的時候都會非常的興奮，而會以跳起並撲向出現的個人或人們。而這行為也有可能會引起不愉快，或者造成衣服的破損或撕裂──還有，很有可能會造成幼小的孩童或是虛弱的老年人被牠撲倒。

如果你的狗兒跳起，那麼記得馬上轉身並背向牠離開。千萬不要跟狗兒說任何話，還有如果可以的話，離開房間並把狗兒單獨關在裡面。然後再回到狗兒身邊並要求牠坐下。

當狗兒坐下時給予獎賞。如果牠再度跳起，厲聲說「不行」。再一次命令牠坐下並給予獎賞。如果狗兒跳起並將爪子伸向你，再次轉身離開不要接觸狗兒，那麼狗兒就會落到地上。要求牠再度坐下並給予獎賞。

如果狗兒仍持續跳躍，那麼請放棄訓練計畫並向外尋求幫助。安排某位親友在預計的時間來訪。為狗兒綁上項圈並且拉著，以預防狗兒跳上訪客身上。當訪客進入家中並與你交談時，命令狗兒安靜的坐著。

訪客一開始必須完全忽視狗兒的存在。稍後在為狗兒的安靜行為獎賞牠，然後才讓訪客在狗兒安靜

斥責與糾正

現在的訓犬技巧已經不再像過去一樣，很少使用身體上的糾正：他們強調導正不能接受的行為，以及獎勵狗兒的正確行為。這種做法可以做到正向的行為強化。

「傳統的」訓犬使用捲起的報紙或是用手掌打狗，可能會導致狗兒困惑甚至心虛害怕。請記住在大部分情形下，狗兒並不是要故意做壞事的。你的狗兒並不容易分辨出一雙牠可以咬來玩的舊球鞋，與你昂貴的新皮鞋有什麼不同。耐心的糾正牠讓牠玩自己的玩具，可能會比對牠吼叫甚至打牠來得容易許多。

如果你覺得口頭上的糾正並沒有效，而還是需要身體上的處罰──舉例來說，如果你的狗兒不肯放棄追逐貓咪或是扯破椅墊──那麼下面的「糾正步驟」，可能會比單純的打狗來得有效得多：
○ 緊緊的抓住牠的項圈。
○ 兩眼直視與狗兒對望。
○ 堅定的說「不行」。
○ 將狗兒趕到其他房間去。
○ 兩分鐘後帶狗兒回來，命令牠「坐下」或是

上圖：跳起是一種不能接受的行為，而且可能會造成危險──避免讓你的狗兒在你回家迎接你時精力太過旺盛。

「趴下」，然後獎勵牠。

一隻水槍也可以用來糾正狗兒的不正確行為。當牠正在從事不正確行為時，用水槍直接噴在牠的臉上。當牠非常驚慌的向後退開之時，把牠叫回你身邊，命令牠坐下並獎勵他。

在大部分的情形來說，如果狗兒在幼犬一開始訓練時就使用糾正跟獎勵等愛的教育方式，那麼日後就不應該再使用身體上的處罰方式訓練。

請記得獸醫師以及動物行為學家都是專精於動物行為方面的專業人士。如果你在任何一個階段上有訓練你們家狗兒的困難發生，或是狗兒具有攻擊性、粗魯、吵鬧、非常膽小或是焦慮不安，都可以很快的從他們那裡得到你所需要的幫助。

訓練用道具

當你的幼犬剛剛帶回到家中時，你就應該開始為牠帶上幼犬專用的軟質項圈。一開始先在牠玩耍或是進食之際，一次為牠戴上短短的一段時間。然後再慢慢增加戴項圈的時間，直到牠能夠習慣整天都戴著項圈為止。

當你的幼犬習慣了戴著項圈之後，為牠扣上一條重量比較輕，大約長120公分（47英吋）的狗鍊。然後開始練習牽著狗兒走一小段路，當需要將牠拉向正確方向時，輕輕的用力拉緊狗鍊以改變方向。試著讓你的狗兒維持在你的左側，而使用你的右手來抓住狗鍊的拉環處。耐心的讓幼犬習慣於被狗鍊牽著走，還有當牠做對事情時，使用很多撫慰跟獎賞來獎勵牠。

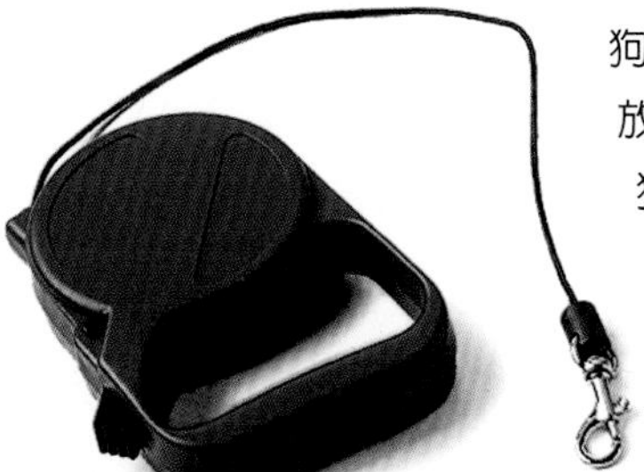

如果幼犬表現出討厭狗鍊，那麼你可以將手放開狗鍊並讓牠拖著狗鍊走一段路——不過要記得緊跟著幼犬，以免狗鍊被其他東西鉤住，或是拉環的地方被幼犬咬爛了。

一旦你的幼犬習慣帶著項圈拉著狗鍊跟你在庭院中走，你可以開始帶他在家裡附近走走。這時候請暫時忘記要一直讓你的幼犬走在你的左邊，因為此時正是牠開始發現新事物的時候，應該給牠一點自由去探索新的經驗。

一條比較長一點的狗鍊是需要的，因為這樣可以讓你的幼犬有一定的自由去研究週遭環境，又能在你的控制之下保持安全。如果狗鍊一直拉得太緊會導致狗兒倒退，而非遵從你所希望的方向。

標準的狗鍊與項圈

當狗兒大於6個月之後，青春期或是成年的狗兒便可以開始使用尼龍或是皮革製的項圈。在上面綁一個識別身分的狗牌會是一個好的建議。

選擇一條長度及寬度、強度都適合你狗兒的狗鍊。如果是大型狗種，則建議使用較短但是相當粗而結實，有皮革製的拉環以及鐵鍊可以扣住項圈的狗鍊，或是很短的皮革製拉繩。對一些小型狗種，則可以使用較細較長的皮革或是尼龍製的狗鍊。

可伸縮式的狗鍊

這類狗鍊的尺寸大小都會跟狗兒體重有一定關係。鍊子通常都會有3到5公尺（10到15英尺）的長度，正適合用來訓練幼犬當要叫牠回來時，也可以提供牠一定程度的自由。

重點：如果可以的話，最好不要在沒有專人教導下用到下列3種輔助道具：頭部拉繩、肩帶以及訓練用頸圈。與你的獸醫師確認看看這3種用具中

上圖：一條給中型犬適用的尼龍製快扣項圈和狗鍊
下圖：輕量型的可伸縮式狗鍊

拉扯造成的不適有關,所以牠散步時就不會拼命往前拉。錬子的每個環較大的會比小的合適。

比較麻煩的是人們常常錯誤的使用此訓練項圈。先請你的獸醫師當場示範一次給你看。

另外一個問題是狗兒常忽視聲音而用力的拉緊項圈。當牠們如此做時,項圈會收緊並將牠們勒得非常不舒服。因此一種具有雙條錬子的款式在市面上也看得到,這種就只會收緊一點點而不會讓狗兒窒息。或者你可以使用皮革或是尼龍製成的同樣功能產品。

警告:如果不正確的使用它,此種錬子可能會造成狗兒喉嚨以及頸部脊椎的傷害。

是否有哪一種適合你的狗兒。確定你裝在狗兒身上時,是維持在適合的鬆緊度及完整的功能性。

頭部拉繩

有些狗在綁上狗錬後會持續的拉著主人前進,這樣可能會造成散步很不愉快。此類拉繩正是設計來可以讓你控制狗兒的頭部,甚至是前進的速度或是方向。

頭部拉繩在避免兩隻狗之間的攻擊性接觸上也是非常有幫助的。使用該類項圈能使你在另外一隻狗接近時,將你的狗兒的頭轉向另一個方向。這樣一來就可以避免任何攻擊性的行為發生,因為你已經把你的狗兒置於比較服從的姿態下。

警告:如果你想要使用此頭部拉繩來控制你的狗兒,那你得學習如何正確去使用它。拉得太緊有可能會造成狗兒頸部的傷害。

訓練用項圈

這是一種可滑動的錬子所組成的產品。是用藉由錬子的收緊來應付狗兒突然而用力的拉扯的。狗兒可以學習到錬子的聲音與牠

肩部拉繩

這種狗錬是設計用來環繞固定狗兒的胸部以及拉住牠的前腳。這類狗錬在小型犬身上十分的好用,特別是在口吻不相對比較短的狗兒,或是因為頸部受傷不方便使用項圈的狗兒。

一般標準的肩部拉繩在大型犬身上並不好用,尤其是那些有拉著主人跑的傾向的狗兒。這時可以選用「防拉扯」的肩部拉繩,這類東西會在狗兒拉扯時施加壓力在牠的胸部,並且將牠的前腳向後拉回來。這類拉繩算是相當的有用,不過還是有可能會造成狗兒的擦傷。

香茅項圈

此種項圈在內部裝置了一個可以噴出香茅油的噴霧器,可以在狗兒吠叫之時噴到牠的臉上,而且對一些常吠叫擾人的狗兒相當的有用。不過此類項圈應該在獸醫師的指示下使用,因為如果有些狗兒是因為焦慮而吠叫,使用此種項圈只會使牠的情形變得更糟糕。

左下:給中型犬用的訓練用項圈,也被稱為滑錬式項圈。
右下:中型犬用的肩部拉繩。
上圖:當你的狗兒可以聰明的走在你身旁時,你可能會開始考慮進一步的訓練。

進階訓練

　　當狗兒已經學會了最基本的命令時，你將會有一隻可以控制，而也有跟牠在一起的樂趣的狗兒。你可以開始根據這些基礎，進行更高一層的命令訓練，例如要求狗兒在離開一段距離後，仍維持「坐下」的姿勢。狗兒的訓練學校以及俱樂部可以幫助你進行這些進一步的訓練，而你的獸醫師應該也可以提供一些關於這方面的建議。

一些適合工作、服從以及敏捷訓練的狗種

長鬚牧羊犬
比利時牧羊犬
邊境牧羊犬
拳師犬
大麥町
杜賓犬
德國狼犬
黃金獵犬
大丹犬
愛爾蘭蹲獵犬
拉布拉多犬
古代英國牧羊犬
指示犬
貴賓犬
雪那瑞犬
威瑪犬
威爾斯柯基犬

訓練一隻成犬

　　如果你是從動物收容所領養一隻狗兒，你可能必須面對直接訓練一隻成犬的問題。牠可能有一些已經養成數個月甚至數年的壞習慣。這是需要相當的時間、努力以及耐心來重新訓練牠的行為成為你所能接受的樣子，不過這的確是可以做到的。舉例來說，警犬通常都會到20個月大以後，才開始進行訓練。

右圖：大型狗只適合能夠提供足夠的空間以及時間和耐心來每天訓練牠的人來飼養。現在有許多國家的法律都規定大型狗外出到公共場所散步時，必須戴上口罩。

一般來說，訓練成犬會比幼犬來得困難些，然而你仍然必須實行跟幼犬相同的命令訓練計畫。不過必須小心的是，狗兒可能在以前便接受過一些訓練，並對不同的命令有所反應，所以先覆頌該命令字句一會兒並評估狗兒的反應。例如，有些狗兒可能會對「躺下」做出趴下的反應，而一般卻都是對「坐下」或「趴下」產生反應。

訓練的困難度有可能因為命令的過時而變得更加困難。最常見到的是有些人使用了一個命令，卻沒有確定狗兒是否每次都適時的作出反應。這樣的狗兒會有可能學會忽視該命令。而這些情形常常發生在如「過來」或是「不行」等命令。在這種情形下最好使用比較非傳統的字來訓練狗兒回應：你可以使用如「停止」以及「這裡」來代替。

當你一旦決定一些特別的命令，記得確定狗兒的反應每次都會發生。先用可伸縮式的狗鍊來綁住你的新狗兒，直到你確認牠對你所選擇的命令反應良好為止。

在家中訓練也可能是一些成犬的的可能主要問題。尤其是一些從比較劣質的育犬舍所救回來的狗兒，很可能會發生在水泥或堅硬地面排便的問題（因為牠們已經發展出「替代性喜好」）而弄髒台階、車道以及人行道，而造成你和鄰居的困擾。如果家裡面也有這種堅硬的水泥地，那也有可能刺激牠在家中上廁所。

你需要去改變牠們的替代性喜好。而唯一能達到此一目的的方法就是嚴格的看緊狗兒，用狗鍊帶著牠出門散步，而不要管牠是否想要被放開自由活動，總之將牠緊緊的留在你身邊。還有當牠留在牠應該待著的區域時，記得讚美鼓勵牠一下。

不要期待你的狗兒能夠自動自發的知道你對牠的期待。雖然牠已經是一隻成犬，不代表牠已經訓練完整而可以符合你的需求！切記不要太心急跟一次要求太多，還有在牠犯錯時要能夠諒解牠。

守衛

大部分的狗兒不分性別都會有守護自己領域的傾向和行為。守衛的積極性隨著狗種而有所不同。羅威那犬、德國狼犬、杜賓犬以及羅德西亞背脊犬是狗種之中守衛性最強的。而公狗的這種傾向會比母狗要再強一些。

大部分的人在狗兒出聲吠叫警告陌生人的接近時，都會覺得比較安全。當主人對屋外的聲音有所反應時，會更加鼓勵狗兒做出這類反應。如果主人跳起來，接近窗戶並對著狗兒說：「那是什麼？那是什麼？」或發出噓聲，那就會鼓勵狗兒大聲的吠叫。如果狗兒有受過訓練可以聽從聲音

上圖：給大型狗使用的柔軟、但強韌的皮革項圈，以及一條布製的狗鍊和一條訓練用項圈。
下圖：警犬通常會接受相當特殊且專門的訓練，而且必須兼具聰明和勇氣。正式的訓練都只會在狗兒的情緒上已經完全成熟才開始。

人時狗主人可能會有觸犯法律之虞。這些狗兒無法分辨出哪些人是因為正當的理由而進入，或是其他有不良意圖的人。所有的闖入者都可能會被咬。

新生兒的到來

當新生兒即將到來的兩個月前，或是你開始準備嬰兒的各項用品時，告訴你的狗兒那些東西跟玩具是嬰兒房的一部分。讓狗兒去熟悉你將會用在嬰兒身上的乳液以及爽身粉的氣味，以及那些會發出聲音的嬰兒玩具以及夜間燈。

當你產後還在醫院之時，你可以先讓父母親帶一些嬰兒穿過的衣服回家，並讓狗兒聞一聞以便熟悉嬰兒的氣味。

當你帶著嬰兒回到家時，先讓一位親友抱住嬰兒，然後再開始與你的狗兒打招呼。或者是先用狗鍊綁住狗兒，然後讓你的父母親拉住狗兒，然後再帶嬰兒進來。可以讓你的狗兒聞一下嬰兒，並且陪著你進入嬰兒房看你將嬰兒安頓在他的床上。

在接下來的日子裡，讓狗兒參與照顧嬰兒的活動。當你在忙於餵奶或換尿布時，最好是能夠將牠綁在房間中的某一角落。絕對不要在沒人照顧的情形下讓嬰兒和狗兒獨處。嬰兒有時候會發出聲音並像個獵物般移動，而這可能會引發某些狗兒的狩獵攻擊性行為（參見69頁，「狩獵攻擊性」）。

命令，那在主人發出「坐下」或是「安靜」等命令時，應該就會停止對陌生人的反應。

狗兒也可以訓練成根據命令去攻擊，不過這應該不是一般大眾所需要或想去做的。訓練狗兒這方面的技能是非常特殊的專門技術。

有些人也許會想讓狗兒攻擊牠看見的闖入者。在大部分的例子中，這些狗兒都是被放置在住宅的戶外，而且被鼓勵可以在看見闖入者進入時即刻反應而不需任何命令。這些狗兒都被允許咬任何闖入這片區域的人。不過牠們潛在上是很危險的，而且如果咬傷

上圖：如果你的狗兒持續的對人們懷有惡意，那可能會被抓住並送往當地的動物收容中心
下圖：學步中的幼兒是可能和狗兒成為好朋友的，不過非常重要的是你絕對不能單獨將幼兒跟狗兒單獨放在一起。

第七章

狗兒常見的行為問題

以及處理方法

攻擊性

在狗兒的世界中，攻擊性是牠們自然天性的一部分。狗兒會在牠們遭到其他動物威脅時、打獵時、保護幼犬以及建立牠們的社會秩序時表現出來，且會以多種不同的姿勢伴隨著叫聲，如低吼、狂吠等來幫助表現。不過狗兒之間的攻擊性會因為弱者或是地位較低的動物表現出服從的行為而被中止。這樣的情形可以避免嚴重的鬥爭。

攻擊性在狗兒過度表現或是直接指向人類時，就會成為問題所在。事實上，這正是狗兒最常見的行為問題中的一種。

支配權攻擊性

這是所有攻擊性問題中最常見的一種，通常都發生在狗兒試著讓主人順從牠自己的希望，挑戰主人的支配權。狗兒可能因為自己發現正處於被控制之下，或者只是測試一下主人，並且試著在牠目前的家中地位問題上得到回應。

這類的攻擊性狗兒如果在睡覺時被打擾或是被要求從一個特定地方移開，及遵守一個不情願的命令時，多半會以狂吠來回應。這種類型的攻擊性通常會在狗兒達到社會成熟時第一次被發現，大約是

在18個月齡到2歲之間。這個年齡時狗兒會想知道牠在家中的地位如何，以及想試著製造出一個「排名」。因此牠會嘗試對家中某一個特定成員吼叫，但不會對其他人，小孩通常是最先被挑戰的對象。可能是因為他們看起來比較小，而且在優勢上不如大人們。

狗兒有支配權攻擊性者，通常都會伴有食物攻擊性或是佔有攻擊性（參見68頁）。

如果你的狗兒對你以及你的家人表現出支配權攻擊性，那應該要尋求你的獸醫師的幫助。他們可能會建議你求助於動物行為學方面的專家。

狗兒必須要接受完整的全身性健康檢查，以確定沒有任何健康上的問題可能導致行為的改變。如果狗兒被診斷出具有支配權攻擊性，那麼牠必須要接受行為矯正的訓練計畫，並且需要持續的追蹤。訓練通常成功率很高，不過需要主人花時間，精神和努力去施行。

預防支配權攻擊性：你可以藉由幼犬時期的早期正確訓練，來降低牠發展成支配權攻擊性的可能性。下頁是一些方法：

上圖：如果你想成為街坊鄰居中最不受歡迎的人物，那麼就讓你的狗兒不受控制的叫吧！吠叫可以說是任何人都無法忍受的行為。

- 在家中成員都吃完飯後，才餵家中幼犬吃晚餐。這一來可以彰顯家人的階級比幼犬來得高。在一個組織的狀況，通常是位階比較高的動物才可以先進食。
- 每天在幼犬的床上坐一小段時間，以彰顯你的階級。
- 在你帶回幼犬之時，馬上開始接受訓練，讓牠進入幼犬學校接受訓練。
- 如果幼犬表現出有攻擊性的徵兆，將牠放在其他的房間5到10分鐘。當牠不再表現出攻擊性時才與牠玩耍。
- 要求幼犬能夠讓家人走過牠面前的通道。
- 每天花5到10分鐘訓練牠。
- 每天至少發出「坐下」或是「躺下」的命令至少2次，即使幼犬已經很熟悉這個命令。
- 不要理會牠伸出爪子抓你的動作。忽視牠並且只有在牠安靜以及依要求乖乖坐下時，才給予牠所要的關注。

恐懼攻擊性

這可能是攻擊性中第二常見的類型，而在有些例子中其實是天生的。恐懼攻擊性最常發生在動物收容所領養回來的狗兒，而通常都肇因於過去的傷害。這類的動物通常需要一些心理上的復健。

狗兒有恐懼攻擊性的通常會在3個月齡時開始表現出典型的行為模式。牠們會在即使沒有任何東西導致害怕時，也突然表現出被驚嚇的樣子。當外出散步時牠們很容易對經過的路人或是路邊的物體感到害怕。牠們會表現出狂吠、狼嚎或是將尾巴夾在兩腳之間，並在人或是物體前倒退，甚至有可能排尿或排便。在牠們頸部或背部的被毛通常可能會豎起。

當遇到此類動物時，最好是能夠求助於動物行為方面的專家。牠們通常需要持續服藥，以及實行一個減少敏感的計畫，例如漸進性的慢慢接觸一些可能引發害怕的刺激，並與放鬆性的治療方法併用。在這同時，可以嘗試下列的方法：

- 在得到專業幫助之前，儘量減少可能會引發恐懼反應的刺激。
- 不要對恐懼行為給予如安慰撫摸等獎勵性的動作。如果狗兒開始現出恐懼的行為，不要理會牠。
- 如果狗兒開始感到放鬆，再獎勵牠的放鬆行為。

預防恐懼攻擊性：對於一些有先天性此類問題的狗兒，是沒有辦法完全預防的。不過早期接觸環境與人類時的正面經驗，會對這類問題有所幫助。

下圖：打鬥「遊戲」是一種建立狗兒的階級高低，卻又不至於受重傷的一種方式。

佔有攻擊性

一個典型的例子就是狗兒拒絕放下從主人那裡偷來的玩具或是東西。當強迫要牠交還東西時，牠會發出低吼、狂吠甚至咬人。狗兒有佔有攻擊性的問題時通常同時顯示出支配權攻擊性。佔有攻擊性通常被認為是這些動物身上複雜的「控制症候群」的其中一部分。

佔有攻擊性有潛在的危險性，尤其是當小孩與狗玩在一起的時候。在你的動物行為學專家訓練治療完全之前，你還是不要對狗兒的挑釁行為做出反應。

預防佔有攻擊性：以下方法可以確認能幫助狗兒：

○ 確定狗兒徹底了解牠在家中的階級地位。
○ 避免與幼犬或是老狗玩搶奪玩具的打鬥遊戲。
○ 教導幼犬放棄球或是玩具以換取獎賞。

食物攻擊性

狗兒表現出食物攻擊性非常具危險性，尤其是對嬰幼兒而言。這些狗兒在進食的時候，會持續吠叫以及粗魯的保護自己的食物。如果牠們得到骨頭或是狗餅乾，牠們有時候會撞擊甚至咬接近牠們的人。

食物攻擊性有時會與支配權攻擊性合併發生。

餵食這些狗兒的最好與最簡單的方法，就是在另外單獨而且封閉的房間裡餵牠。避免給牠骨頭，因為這通常會造成很激烈的防衛行為。是有可能訓練牠們改掉這樣的行為，不過卻非常的困難，因此建議尋求專家的協助。

先要求狗兒坐在離牠的空飯碗有一段距離的地方。然後拿起空碗，放入一小部分食物，再放在地上讓牠過來吃。當狗兒吃完食物時，再次重複這個動作。最後你應該就能在牠正在進食的時候拿走牠的碗。

如果狗兒在過程中的某一個部分有吠叫的情形，即停止整個餵食動作。

攻擊性反應的各階段

溫馴階段

開始具攻擊性

攻擊性增強

兇猛攻擊性

恐懼攻擊性反應的各階段

開始恐懼

恐懼反應增強

攻擊性伴隨恐懼

恐懼以及極度攻擊性

下圖：恐懼也可能會造成攻擊性反應。上面的程序顯示各階段的進程，從最初的溫馴或輕微的恐懼到的兇猛攻擊性和恐懼以及極度的攻擊性。

預防食物攻擊性：這行為是非常普通的，因為保護自己的食物是狗兒的天性。在同胎的一大窩幼犬會很快學會去爭奪較多的食物，以及保護牠已經擁有的。

經常的用你的手來餵食幼犬而不使用碗，或是坐在牠的身旁看牠進食。請先確定狗兒對你的優勢階級沒有任何疑問。

母性攻擊性

這類行為通常會在非常接近生產時發生，甚至在產後立刻發生。母狗會非常粗暴的保護幼犬以對抗闖入者，嚴重時甚至會殺死幼犬。

母性攻擊性也會在假懷孕時發生，這時因為沒有幼犬的可能性，而會以玩具來代替。可以試著以下面的技巧來應付母性攻擊性問題：

- 避免在母狗當媽媽的第一個星期時候去打擾牠
- 從那時候開始，先把牠叫出房間外，然後在其他家人為牠換床墊時帶牠稍微散步走走。
- 在牠回來時餵食牠，並且讓牠在房間獨處。
- 如是假懷孕的情形，趁母狗外出散步時，移除所弄好的窩以及玩具。在牠每天例行公事之外提供一些新鮮有趣的。有些母狗可能需要荷爾蒙方面的治療。

預防母性攻擊性：如果母狗表現出這種行為，建議施行結紮手術。因為牠們在日後的懷孕時仍會發生同樣情形，且此種行為似乎有遺傳的傾向。

狩獵攻擊性

狗兒如果有狩獵攻擊性的傾向，可能會發展成追蹤並殺害其他動物的習慣，例如貓咪、松鼠甚至是雞、綿羊和山羊。在大部分的情形下，這行為都是非常安靜和快速的。這不只是非常不願意見到的行為，因為有些狗兒還有可能像殺野生動物般殺害鄰居家的寵物，甚至對人類都有潛在的危險。

最糟糕的狀況是，狗兒開始把目標放在小孩甚至嬰兒的身上。

對狗兒來說，新生兒和小嬰兒活動起來就像隻受傷的獵物：行動起來很不協調，並且會突然發出高頻率的尖叫聲。這樣的動作可能會觸發狗兒的狩獵行為。

狗兒如有這種行為的話已經沒有辦法用訓練來改掉它，而且必須無時無刻的注意牠，牠也不能在沒有人看顧的情形下留下來與小孩相處。

狩獵攻擊性的預防：良好的服從訓練可以幫助控制這些動物，不過牠們跟可能的獵物在一起獨處時已經變得無法信任。

上中：小心謹慎的保護屬於自己的骨頭跟食物和爭奪更大比例是狗兒的天性。
下圖：母性攻擊性會在幼犬逐漸長大後慢慢的減輕。

郵差。這必須逐步的降低狗兒對郵差到來時的敏感度才行。

為了達到這個目的，狗兒必須被教導將郵差的到來與某個行為相關連。例如「坐下並集中注意力在主人身上」，然後再給予食物作獎勵。動物行為學專家會幫你為狗兒的行為做一規劃。

預防轉嫁攻擊性：要預估狗兒是否會有轉嫁攻擊性問題幾乎是不可能的。但經由服從訓練可以降低此類行為的發生可能性。

如果狗兒對其他人或動物有不適當的攻擊性行為時，用強力的水柱噴牠可以分散注意。並儘快開始行為校正的訓犬計畫。

轉嫁攻擊性

此類行為通常發生在狗兒被阻止做某些主人認為不恰當的攻擊性行為：例如對訪客吠叫或是恐嚇郵差。而在被主人斥責後，馬上變成開始追逐貓咪或是威脅家人。

關於這個類型的攻擊性最重要的部分，就是去確認是什麼事情觸發了狗兒的偏差行為，以及如何去處理。如果狗兒每次在被斥責追郵差之後都會咬貓咪，那麼最好的方法是讓狗兒學會不要追逐

自發性攻擊性

「自發性」意指原因不明。有些狗兒常會突然的，在沒有明顯的原因下有暴力的攻擊行爆發出來。一些狗兒在爆發時會有口吐白沫的情形，而且無法分散其注意力和安全的靠近。在這些動物身上很可能有潛藏的精神性問題。這是一個非常難以解決的問題。因此這些狗兒在發作時最好能夠另外關起來，而如果可能的話，更需要給予鎮定劑。在某些情形下，你的獸醫師可能會建議安樂死。

上圖：狗兒之間的攻擊性是散步時的一個常見問題——也有可能是狗兒潛在的不安所造成。
下圖：具高危險性的狩獵攻擊性可藉由服從訓練而獲得控制。

預防自發性攻擊性：此類行為無法被預測，因為通常沒有明確的觸發原因，所以預防是不可能的。幸運的是，此類問題算是相當罕見的。

陌生狗兒之間的攻擊性

這類問題通常會發生在散步之際。兩隻不管有沒有狗鍊綁著的狗兒，在路上遇到後就開始打架。一隻具有攻擊性的狗兒會挑戰任何擋住牠的路線上的東西，不管性別年齡或是品種尺寸都會全力奮戰。

如果另外一隻狗兒比較具服從性，那麼問題就將被淡化。但是如果不是這樣，或是有時即使另外一隻狗兒已經表現出服從，但是仍然會有一場激烈的打鬥發生。

這對兩隻狗的主人來說是非常嚇人的，而且通常都會因此而讓狗兒受到身體上的傷害。帶著一隻經常性且過度的對每隻遇到的狗兒都具有攻擊性的狗兒上街，是一點都不好玩的事情。這些狗可以說是行為異常，而這種異常行為可能是由於潛在性的焦慮不安，或是大腦中缺乏某些化學物質所造成。

當這種行為出現在公狗身上時，結紮會有很大的幫助。手術本身並不會解決攻擊性造成的問題，不過卻可以減少狗兒對此類事情所產生的反應。

當帶著具攻擊性的狗兒出去散步時，如果使用頭部的拉繩（參見62頁，〈如何訓練你的狗兒〉）會很有幫助。這可以確保你對狗兒整個頭部的主要控制權。當有其他狗兒接近時，將牠的頭拉向另外一邊。這樣可藉由露出頸部表示順從，以及預防你的狗兒有任何具攻擊性的表現出現。

現在已經有一些有效的方法可以修正這樣的行為。這需要讓你的狗兒在一群狗之中接受訓練。在其他狗兒出現之時，具有攻擊性的狗兒必須被教導放鬆並且集中注意力在主人身上。請你的獸醫師建議一個好的訓犬中心，他們可以幫助你解決這個問題。你的狗兒也可能需要給予藥物治療控制。

預防陌生狗兒之間的攻擊性：

- 為公狗結紮以降低攻擊性的程度。
- 幼犬時期開始適當的社會化會很有幫助。在個人經驗上會建議從幼犬時期就經常持續性的與其他狗兒接觸以達到社會化，然後在成年以後仍繼續如此。這樣一來就比較不會在遇到其他陌生狗兒時，表現出不適當的攻擊性。

同一屋子狗兒的互相攻擊

在同一個家中生活的狗兒必須要長幼有序——換句話說，牠們必須去建立出一套階級高低的順序。問題通常發生於一隻年輕的幼犬被帶到一個已經有一隻老狗居住的家庭之中，而幼犬正要進入社會成熟期：在18個月齡到2歲之間（也就是狗兒的青春期）。在這個年齡之間，牠會開始去挑戰原有的老狗。比如說可能嘗試去接管比較中意的床鋪或是喜愛的玩具，而打鬥則會在老狗不願意讓出的情況下開始。

決定在一場攻擊性引發的打鬥中哪隻狗會贏是很重要的。如果老狗變得比較虛弱，而且可能在接下來的幾場打鬥裡不可能會贏，你可能需要押寶賭年輕的那隻狗兒會取得優勢，即使說在某方面，這樣可能會讓你覺得好像背叛了一位老朋友似的。你可以藉由先行餵食年輕的狗兒，或是讓

上圖：這種行為正是一切相安無事的表現——沒有預期的狗兒之間攻擊性。肛門腺的氣味提供了關於狗兒的性別以及社會狀況等重要訊息。

牠去喜歡的區域，以及在一群狗中優先注意到牠。

如果年長的那隻依然十分強壯，或是屬於比較大型的狗種，看起來不可能在接下來的打鬥中落敗，那麼你還是以上述的方式來對待牠。

在這個問題解決之前，家中將沒有什麼安寧的日子的。如果遇到兩隻狗勢均力敵的狀況，那麼你可能得考慮為其中一隻找另外一個家，否則這打鬥將持續進行下去。請與你的獸醫師討論相關的問題。

很重要的一點是在兩隻狗建立起階級之前，不要讓牠們單獨相處。在這種情形下的打鬥是非常的殘忍的。

預防家中兩隻狗之間的攻擊性行為：如果你決定要有第二隻狗：

o 找一隻和目前家中狗兒不同性別的狗。
o 不要讓兩隻狗兒單獨處在家中的特定區域中。
o 不要把把狗餅乾或是骨頭同時給一群狗兒。

吠叫

吠叫恐怕是狗兒的行為中人們最難以忍受的一種，特別是在郊區的地方。某些特定的狗種叫的會比其他的頻繁。例如說梗犬類就會因為極小的刺激就開始吠叫，而西伯利亞雪橇犬就極少吠叫，巴辛吉犬甚至只會嗚咽而已。其實吠叫是一種狗兒間用以溝通的自然天性。然而，狗兒如果開始過度的吠叫的話，會成為一個嚴重的問題。

造成經常性的吠叫有幾個潛在的因素，而找出每一隻狗之所以如此的原因是非常重要的。狗兒吠叫的聲音與模式都可以為其原因提供一點線索。如狗兒在主人離開家裡時馬上開始吠叫，而且通常會以單一聲音持續吠叫不止。這種情形就可以考慮狗兒是否因為主人的不在家使狗兒產生分離焦慮（參見76頁）的問題。

有些狗兒會在一整天中零星的多次吠叫。這有可能是因為反應某些突然的刺激，如鄰居的開關門聲音，郵差按家中的電鈴，鳥兒停在家裡的籬笆上面，或是鄰居養的狗兒的靠近。

有些狗兒在牠的主人回到家時，會非常興奮的狂吠。不過當鄰居抗議時，這可能就真的是一個問題了。

下圖：挑戰可能會發生在同一家中的狗兒之間，通常會以身體的姿勢來表現。很重要的一點是你必須讓看起來會贏的狗兒退讓，不然家中恐怕永無寧日。

如果你的狗兒會在你外出時吠叫，而鄰居也對你抱怨對他們造成的困擾，尋求他們的參與和幫助以解決這個問題。請他們紀錄下狗兒都在什麼時候吠叫，以及會持續多久。如果狗兒在你外出的時間中都持續不斷的吠叫，那就可能是狗兒有分離焦慮的問題。這是一個相當嚴重的問題，而且你可能會需要動物行為學方面專家的幫助。

如果狗兒是在郵差送信來時吠叫，或是門口有人經過以及你的鄰居進出時才會吠叫，那麼試著將牠移到家中比較裡面的地方，並且多給牠玩具以及一張舒服的床，那麼這樣或許可以減少狗兒被這些聲音或行為所刺激的機會。如果你知道你等一下可能需要外出，先確定你的狗兒有個足夠運動量的散步，或是已經精力充沛的玩了好一陣子。這樣牠可能就會在你外出之時因為疲倦而感到比較放鬆，甚至睡一個好覺。

有些狗兒即使在主人在家時也會吠叫，不過這可以用訓練命令牠安靜下來。通常這種狗兒會比較敏感而容易被門鈴或是郵差所刺激而吠叫。

對於吠叫有一些可以作為輔助訓練的道具，例如一種可以在狗兒吠叫時，噴出像香茅油噴霧等令狗兒厭惡氣味的項圈。這些東西對控制某些狗

兒是相當有用的（參見62頁，〈如何訓練你的狗兒〉）。

預防造成困擾的吠叫：

- 訓練你的幼犬學會「安靜」的命令（參見58頁，〈如何訓練你的狗兒〉）。
- 習慣性的讓你的幼犬或是新的狗兒儘可能接觸一些不平常的聲音或是人物，而在接觸同時也要因為牠保持安靜而獎勵牠。
- 當你的狗兒變得較為興奮並開始發出聲音時，糾正牠的行為叫牠坐下或趴下並給牠獎賞。嘗試讓牠把注意力集中在你和食物身上，以忽略可能造成吠叫的刺激因素。

破壞性行為

破壞性行為在年輕的狗兒是非常常見的。幼犬因為長牙以及換牙時期關係，因此需要咬東西來舒緩牙齒和牙齦的不適——這也是牠們發掘與探索牠們的世界的方法。老狗也同樣可能會有破壞性行為。這可能是與玩耍有關，或是因為狗兒常常被單獨留在家中，而導致分離焦慮所造成的（參見76頁）。

如果沒有能夠正確的教導幼犬，牠可能會變得

上圖：幼犬也可能會顯示出狗兒之間的攻擊性，就像成犬一樣。

挖洞

　　狗兒會挖洞來藏自己的玩具和骨頭，或者是去發掘牠們聞到的東西，甚至是過去曾經埋過的東西，挖個洞穴來保持自己的溫暖或是涼爽，也有可能只是為了好玩。泥土對牠們來說很好玩，因為可以移動跟改變。也有些狗兒挖洞只是為了從院子的圍牆或籬笆下溜出去。

　　挖洞行為會變成嚴重的問題，大部分是因為持續在因種植的植物或是照顧良好的花圃附近挖掘，或是有計畫的在籬笆下方挖掘逃走用的隧道。

　　如果你的狗兒沉迷於挖洞的動作無法轉移牠自己的行為時，牠可能罹患了一種叫做強迫性精神官能症的疾病（參見76頁）；這個時候，你最好的方法就是求助於動物行為學的專家。

　　如果你的狗兒在令人無法接受的區域挖洞，試著糾正牠到一個屬於牠自己的區域。如狗兒玩耍用的沙坑，或是庭院中沒有使用的區域。

　　如果你的狗兒仍然持續在令人無法接受的區域挖洞，你可以試著在該處埋入一個充了氣的氣球。或是放入一個一觸即發的嚇人玩具。這類嚇人玩具可以因為挖洞的震動或接觸而彈出，同時發出一些嘰嘰叫的怪聲音，這樣一來可以達到驚嚇狗兒使牠減少挖洞的機會。

　　在籬笆之下挖洞則可以藉由在籬笆上以較低的伏特數給予通電，以達到預防的效果（請先向相關機關洽詢是否合法）。

　預防挖洞行為：
○ 確定你的狗兒每天可以有許多互動的玩耍，或是足量的運動。
○ 將挖洞的行為導正為其他更可接受的玩耍。
○ 在狗兒無法挖洞掩埋的地方才給牠骨頭吃。

在家中上廁所

　　此一問題常見於在家中自己訓練的幼犬。在家中上廁所也可能因多種可能性發生在老狗身上。

　　如果一隻成年的狗兒突然開始在家中上廁所，

十分具有破壞性。如果你的幼犬開始咬門或家具，嚴厲的告訴牠「不行」，並給牠自己的玩具咬。然而不論何時，當你看見牠在咬自己的玩具時，記得獎勵牠一下。

　　如果你的幼犬仍持續咬東西，那麼試著使用水槍。當牠開始咬東西時，用水槍直接噴牠臉一下，不過不要說任何話。最好是讓幼犬把咬東西跟這個不愉快的經驗連結在一起，而不是跟你聯想在一起。

　　水槍也一樣可以運用在老狗的身上。另外一個選擇是在牠可能咬的東西上塗抹一些能制止狗兒咬的抑制劑，如石灰粉等。

　預防破壞性行為：
○ 訓練你的幼犬只能咬牠自己的玩具
○ 不要讓幼犬以及新近領養的成犬單獨在有價值的家具附近逗留。先把牠們安置在洗衣房等地方，並給牠們許多玩具或是一根骨頭可以咬。

最好是能帶牠前往醫院做完整的健康檢查。因為這可能是某些潛藏的問題如膀胱炎（膀胱感染）或是腸炎（內臟感染）。如果狗兒已經年老，那可能是膀胱以及肛門控制能力發生問題，或是因為衰老所造成。

如果狗兒只在主人外出時在家中上廁所，那牠可能是有分離焦慮的問題（參見76頁）。這就需要動物行為學專家的幫助了。其他的原因還包括畫地盤以展示其支配權，或是已養成習慣，如狗兒是在動物收容所等地方收養的。

異常興奮的情形以及對人過度順從的反應都有可能會導致排尿。這些狀況有時會在主人返家或是有客人來訪時發生。狗兒在外觀上常常無法察覺已經排尿。在年紀漸長膀胱控制改善後，這類興奮引發的情形也會逐漸減少。然而，因順從引發的排尿行為則不然，通常這類情形都需要給予治療。

如果公狗在家中舉腳尿尿，那牠可能是在為自己畫地盤，並且對一個或多個家人以及其他狗兒展示自己的支配權。這通常可見於家中有新的成員誕生或到來，或者是有親友來家中暫住。

結紮可以減少75%的此一種行為發生率，同時再訓練也是必要的。犯錯的狗兒必須被限制只能在家中某些特定房間，並且在家中時必須隨時都有人監視著才行。如果狗兒有在家中做記號的行為時，給牠一個號角或水槍的懲罰並且帶牠到戶外去。

當幼犬正在受訓時，常常帶牠到戶外以及在牠上廁所時獎勵牠是很重要的。公的成犬很少會一次將尿液排乾淨，因此較長距離的散步可以幫助牠排空整個膀胱。這樣一來也可以幫助減少在家中做記號的可能性。

整群的狗兒一起處於室內是最容易造成不應該的排泄行為的。公狗和母狗會互相刺激而導致排尿做記號的行為，也可能導致在屋內排便。如果可能的話，將一群狗兒置於戶外並減少進屋子的機會可以減少此一問題。

如果狗兒長期被關在狗舍內，在年老後才被人認養，通常都會在室內上廁所。牠們已經習慣在室內的堅硬地板上上廁所，所以對牠們來說家中地板跟犬舍的運動場的水泥地板沒什麼兩樣。這些狗兒需要進行再訓練，不過因為替代性喜好——在泥土跟草地上上廁所的習慣被在硬地板和地毯所取代——以及在年輕（6到8週齡）時就形成，而使得訓練變得困難。不過訓練方法則和訓練新的幼犬沒有什麼兩樣。

特別順從的狗兒有可能會在任何人接近牠們時，很自然而然的排尿。這是一個狗兒在遇到較優勢動物時的正常反應，不過卻會造成相當的困擾。有些狗兒甚至會在有人只是看著牠們時，就擺出順從的姿勢並開始排尿。

藉由一些基本的服從命令如坐下以及看著牠們的主人並獎賞牠們，可能使這些狗兒訓練改正這些行為。任何在主人面前翻滾或是排尿的行為都要忽視不理牠。

預防在家中上廁所：
o 讓你的幼犬接受完整的訓練。
o 讓狗兒有適當的運動以及和戶外的狗兒接觸，特別是對公狗（未結紮者）。

下圖：雖然狗兒挖洞是一個非常普通的行為，不過對主人來說通常不太能接受，特別是當主人還是從事園藝相關工作時。

當這些狗兒被單獨留在家中時，會顯得相當的不安。牠們需要特別的治療，例如包括了抗焦慮藥物的給予以及行為校正的訓練。訓練中包括了一系列主人跟狗兒必須每天做的運動，以教導狗兒放鬆和訓練牠在主人離開房間時仍保持放鬆，最後在離開家時仍能如此。

預防分離焦慮：

o 先確定你的幼犬已經習慣於長時間獨處。

o 試著避免讓幼犬跟家中其中一人相處太久的時間。先確定牠已經學會跟家中每個人相處時都可以感覺安全舒適。

o 避免給狗兒建立起一個外出前的「儀式」的感覺。如改變外出之前沐浴和吃早餐的順序。你可以試著先穿上鞋子跟衣服，然後又坐下再喝一杯咖啡。

o 在你要外出之前以及當你回家時不要太小題大作。

o 在你要外出之前，先讓狗兒有充足的運動。

o 找個時間讓你的狗兒與剛認識的朋友輕鬆相處

o 讓你的狗兒多接近戶外的狗團體

分離焦慮

「分離焦慮」一詞是用來形容一種行為，就是狗兒在被單獨留在家裡，或是與家中某一位特別成員分離時的反應。

首先這些狗兒都會在牠們的主人外出時馬上開始吠叫，而且在整個外出過程中持續不停。牠們也可能會咬門，或是撕破地毯以及窗簾，破壞家具甚至是在家中排便或排尿。在非常極端的例子中，牠們甚至有可能會撞破玻璃跳出窗外。

這行為很可能是由先天的一些傾向造成。有趣的是，從動物收容所領回來的狗兒，通常具有很高的比率會發生分離焦慮。目前還不清楚是否與牠們曾經被拋棄過的創痛有關，或是因為牠們被拋棄的理由正是因為主人無法忍受牠們因分離焦慮所表現的行為。

上圖：*你的狗兒凡事都得依靠你，家中的領導、提供舒適、陪伴以及食物。大部分的狗兒會學會在白天主人不在家時的自處之道。不過在少數的例子中，則會發展成分離焦慮的問題。*

強迫性精神官能症（OCD）

這種問題通常是一個很普通的行為，但是卻以十分不尋常的頻率持續在進行，因此干擾了日常的生活作息並變得令人無法忍受。一些無法令人接受的行為包括：挖洞、追逐影子、追逐自己的尾巴、拍打想像中的蒼蠅、沿著籬笆跑步以及啃咬自己的腳。

狗兒患有此一問題者，通常無法從牠們的行為中轉移注意力。即使是成功的被誘導停止，那也只能維持短暫的時間，很快的又會繼續該行為。有些狗兒會變得有攻擊性，特別是對任何想動手阻止牠的持續行為的人。而另外一些狗兒則甚至無法停下來好好的吃飯或是散步。在某些特別嚴重的例子中，狗兒甚至會開始傷害自己的身體。強迫性的挖洞可能會挖到腳趾流血、趾甲破裂才會停止。而會啃咬自己身體或是追逐尾巴的狗兒則可能會造成自殘性的皮膚傷害而導致二次感染。

一些證據顯示這種情形很可能是先天的，因此最好是不要讓有此問題的狗兒去繁殖育種。而先天上有此一傾向的狗種包括：蘇格蘭梗犬、牛頭梗犬（追逐自己尾巴），以及查理士王小獵犬（拍蒼蠅）。

有OCD問題的動物大腦先天就缺乏某些特定的神經傳導化學物質，這方面需要專業的上的幫助。牠們需要額外的給藥以及行為矯正來幫助集中注意力以及協助放鬆。在某些病例中，牠們可能需要終生持續服藥。

預防OCD：要預防有這種先天傾向的狗兒，幾乎是不可能做到的。

逃脫

也有些狗兒會持續的試著逃脫，然後到外面的世界去探險。而這個行為對主人是相當挫折的，而且對狗兒也有相當的危險。

如果你家的狗兒是個「脫逃藝術家」，那你必須要做的第一件事就是確認週邊圍牆籬笆的完整性。確保籬笆至少能有2至3公尺（6到10英尺）高，或者如果狗兒有挖洞的行為，盡可能將籬笆埋入地下一公尺（3英尺）。你也可以使用一種特殊的超音波護欄，它可以一定的時間發出狗兒不能忍受高頻率聲音。另外一種選擇是你可以做一間地板和四周牆壁都是水泥做的遊戲間，而當你外出或是工作沒時間與狗兒玩耍時，就可以把牠放在裡面。

最重要的是你的狗兒每天一定要有充分的運動，以及有和你互動的玩耍時間。如果你的狗兒每天都能充分的運動，那麼當你正在忙於其他事情而煩心或者是有事外出留牠在家一會兒時，牠應該都可以很愉快的放鬆以及熟睡。

公狗很容易因為發情期想追逐母狗而脫逃，此時結紮手術（參見37頁，「去勢」）可以幫助解決此一問題。

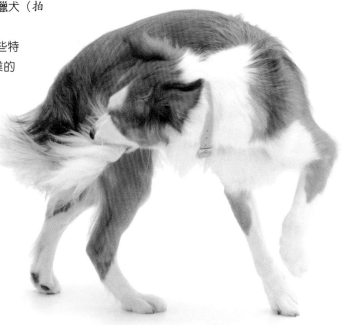

第八章

狗兒的育種與繁殖

家庭中的新成員

幼犬是非常叫人喜愛的,不過讓家中的寵物生產並不是一件明智的事。說句實話,將這些事情交給有足夠設備以及時間的專家們來處理才是上策。

不過如果你能夠保證時間充足,而且家中至少有一位家人可以整天在家,那麼你可以嘗試看看。

聯繫以前你購買家中母狗的育犬舍,並且請他們挑選一隻合適的公狗。如果自己隨便找一隻同一品種的公狗來當種公是不適當的,因為這樣會生出品種低劣的幼犬。挑選一隻有良好基因背景、個性、體格以及生育能力保證的公狗是非常重要的。

母狗的生殖週期

大部分的母狗自6到8個月齡起,每6個月左右便會進入繁殖季節(發情)一次。而開始進行配種的最佳時間,大約是在第2或第3次發情起。母狗每次發情大約都會持續3個星期。發情的徵兆是外陰部腫脹,以及接著而來的陰部滴血。滴血現象一般會持續約7天,接下來陰部分泌物會轉成褐色,並繼續分泌7天,發情第3週時則不再有可見的分泌物。每隻母狗的分泌物量都不盡相同,而且許多母狗都會自行清潔外陰部,因此狗主人有時很難察覺家中母狗的發情現象。發情時期在行為上也有明顯的不同。母狗會變得十分友善,在接觸其臀部附近時尾巴會垂下且偏向一邊以適合配種。牠同時也會有不安踱步,以及頻頻排尿的現象。

公狗可以在很遠的距離便聞到母狗所發出的氣味,因此你會發現常有狗兒在你家草坪上駐足不去。有一點很重要的是,在發情期間關好你的母狗,並且在這期間都以狗鍊牽著出去散步。

上圖:當幼犬出生的時候體外會包附一層羊膜,稍後就會由母狗舔掉。
下圖:一隻母狗正在準備牠生產的地方:牠可能會扯破紙或是布來做窩。

雖然每隻狗之間有著個別差異，不過一般在發情期的第10到14天左右，是最容易受孕的時候。如果你所選的種公就在家裡附近，那可以每天帶狗兒去拜訪，並讓牠們自然相處。但是如果種公所在離家有段距離，那麼知道母狗什麼最容易受孕是相當有用的。而確實的時間可以藉由血液檢查，測量血清中黃體激素濃度來判定。這方面可以由你的獸醫師提供建議。

配種

當兩隻狗兒湊對後，在大部分的情形下配種過程理論上是非常快速的，尤其是當公狗過去已經有經驗的話。然而也有例外的情形，當兩隻狗互相不喜歡對方時，配種就無法進行。通常這種情形都是發生在母狗明顯比公狗強勢的狀況。如果上述情形發生，而你又肯定你的母狗是處於最容易受孕的時間，另外再尋找一隻公狗會是比較可行的辦法。一般來說，配種的地點都是在公狗居住的地方。

在配種的過程中，公狗生殖器上的腺體會漲大，並且進入母狗陰道中長達20分鐘之久。在配種過程中，公狗有可能會因為疲累而從母狗身上下來，變成站在身邊甚至背對母狗。許多第一次看到這種情形的狗主人，可能會覺得相當擔憂，不過在配種過程中，這卻是相當平常的事情。對狗主人來說，最好的方法是離開現場20分鐘左右去喝杯咖啡，然後讓兩隻狗兒自己完成所有事情。這樣的「連結」在大部分的配種過程發生，但並非絕對。即使沒有發生，配種過程仍可能導致受孕。

非預期配種

當一個非預期的配種發生時，仍會有些許時間做處理。假如你的母狗正跟其他公狗「連結」在一起，不要馬上強制分開牠們。一旦兩隻狗兒自然分離時，你必須馬上決定如何進行下一步，而你並沒有任何方法可以得知這次配種是否受孕。

如果你很樂意讓母狗生下這次配種所受孕的幼犬，你可以直接跳過去看下一頁的討論。

不過如果你並不想讓母狗生下這一胎，而且希望過一陣子還有機會配種，你可以要求獸醫師給母狗注射藥劑以防止懷孕。因為這類藥劑大都有

上圖：邊境牧羊犬是一種容易激動、兇猛且具攻擊性的狗種，不過這隻母狗正安全且舒適的與牠的幼犬躺在生產箱中。

副作用，所以建議你和獸醫師詳加討論利弊。不過如果你並不想讓狗兒生下這一胎，而且以後也不打算讓牠生育，那你可以在發情期結束後讓牠接受結紮手術。

對母狗的照顧

在母狗懷孕之後，讓牠接受詳細健康檢查以及接下來6個月內的預防注射是非常重要的。這樣可以確保幼犬在生下來時，能有抵抗一般性疾病的良好免疫能力。另外一件重要事項則是確保在受孕到懷孕期間，讓牠接受蛔蟲等內寄生蟲的驅蟲治療。

在懷孕期間，母狗會事先去熟悉牠將生產的地點。理想的場地是包括一個由紙箱所包圍住，有足夠的位置讓母狗側身躺下且四肢完全伸展，並有翻身餘地的空間。而這個場所必須被放置在一個安靜且遠離主要街道的房間。

在母狗原本的狗窩底下鋪上一些報紙以及舊毛巾當作墊料。接下來每天將牠放在該處一會兒，並在旁邊放上狗餅乾或是一小部分牠常吃的狗食。如果牠已經習慣自行睡在毛巾上，則將這些毛巾移往生產地點的箱子中，並鼓勵母狗習慣睡在該處。

生產過程

在生產的第一個階段，母狗會顯現出坐立不安的情形、踱步甚至漏尿，而這樣的情形將持續8個小時之久。同時在這段時間裡，母狗會開始撕扯報紙，準備自己生產時的「窩」。

之後母狗會開始有比較明顯的腹部收縮動作，並開始經常性的起立坐下，以及頻繁的舔舐陰部。在這些動作開始的20到60分鐘之後，第一隻

介入生產過程的正確方法

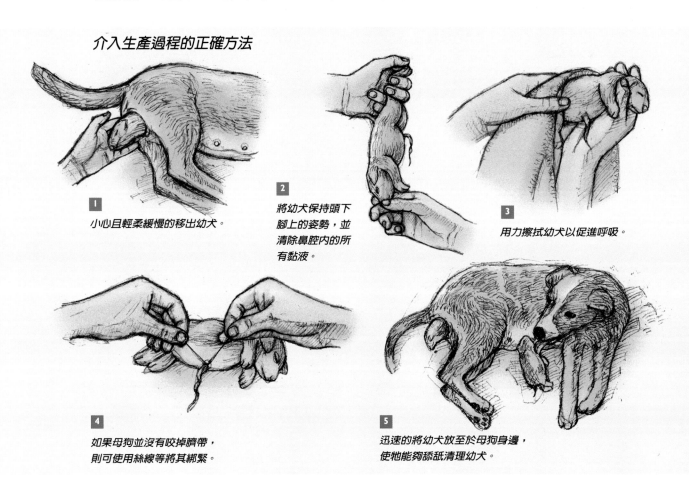

1
小心且輕柔緩慢的移出幼犬。

2
將幼犬保持頭下腳上的姿勢，並清除鼻腔內的所有黏液。

3
用力擦拭幼犬以促進呼吸。

4
如果母狗並沒有咬掉臍帶，則可使用絲線等將其綁緊。

5
迅速的將幼犬放至於母狗身邊，使牠能夠舔舐清理幼犬。

幼犬就會出生了。幼犬出生時外面是包著一層羊膜的，不過馬上就會被母狗舔掉。此外生出幼犬時，還會同時排出連著的臍帶以及胎盤，稍後都會沿著臍帶被母狗咬斷吃掉。如果母狗自己有辦法處理，儘量讓牠自己進行不要干涉。接下來由於母狗的舔舐以及鼻子輕觸，幼犬便會發出尖銳的哭聲反應，在沒有任何幫助下，他們很快就可以找到母狗的乳頭，並開始吸奶。

有時候因為某些不明原因，母狗會刻意忽視其中的一隻幼犬，這個時候身為主人的你就必須要介入，並處理某些事情了（參見80頁插畫）。

首先準備一些乾淨、表面不光滑的毛巾，並確定你的手也是乾淨的。接著扯破幼犬口鼻部位的羊膜，接下來試著用手指深入清掉幼犬口鼻裡面的羊水等液體，並且將幼犬維持頭朝下的姿勢。然後開始用力的用毛巾摩擦幼犬身體，直到牠發出哭聲並開始明顯的呼吸為止。然後將幼犬放置在一個乳頭的稍後面位置以便牠吸奶。如果20分鐘過後，母狗都還沒有要咬斷臍帶的動作，你應該使用絲線將臍帶打結綁住，並且剪斷臍帶拿走胎盤。

如果在生產的過程中，母狗持續用力超過30分鐘卻沒有生出任何一隻幼犬時，就有難產的可能，這時請儘快聯絡你的獸醫師。

當生產過程結束時，可以給母狗一些加了葡萄糖（一杯加入一茶匙即可）的溫熱牛奶，並且讓牠和幼犬們獨處並稍作休息。

在整個生產過程中，最好是能至少有一個人陪在母狗身邊——萬一有狀況發生時，你的幫助是非常重要的，尤其當狗兒是第一次生產更是如此。如果你覺得讓你的小孩觀看整個生產過程會對他們有所幫助或啟發，記得要求他們安靜不得發出聲音，同時絕對不能去碰觸剛出生的幼犬。

幼犬的撫養

在出生後的前2週中，幼犬大部分的時間都在吸奶與睡眠中度過。這段期間內

將母狗的餵食次數增加到4次，並隨時注意牠是否有充足的飲水。此外確認在這段期間，所餵食母狗的狗食中是否含有現在所需的足夠鈣質補充。假如你餵食的是市售的配方狗食，那就不必去擔心上述問題。此類狗食都有針對懷孕及泌乳母犬專用的設計，並且可以同時適合於正要轉換為吃乾狗糧的幼犬。不過如果你餵食的是自己調理的狗食，則必須格外注意鈣質的添加。而在動物醫院裡，他們可以提供粉末狀、液體或是顆粒的鈣片等不同選擇以配合你的餵食。

大部分的母狗在生產完的最初2至3週內，都不喜歡受到主人或其他人的打擾。因此你一天只能帶牠去上3到4次廁所，並在牠上廁所的同時，每天清理2次狗窩。除非是狗兒要求你陪牠，否則其他時間則儘量讓牠獨處。有些母狗在這段期間內會

上圖：如果一胎隻數過多，則需要以狗用奶瓶跟專用奶粉給予額外的餵食。
下圖：4天大幼犬的典型行為就是只有睡覺跟吸奶。

產生攻擊性，這也是非常麻煩的問題（參見第69頁，「母犬攻擊性」）。

如果母狗這一胎生出的幼犬隻數過多，而牠無法哺育全部幼犬，這時你可能就需要幫忙餵奶，並使用狗用奶瓶以及代用奶粉幫助部分的幼犬餵食。

對一隻中大型的狗兒來說，一胎合理的幼犬隻數應該是6到10隻。即使有些母狗能夠成功的扶養多隻幼犬，而且不需要主人幫忙處理，但是超過10隻的幼犬仍會造成許多問題。首先必須注意每隻幼犬是否都有餵食到，以及是否吃飽。如果有幾隻幼犬顯得瘦弱而且常常持續哭叫，那很可能就是沒有得到充分的餵食。如果你對一些事情仍感到有疑問時，最好的方法還是請你的獸醫師來評估狀況。在補充一些代奶粉或是副食品時，一次最好只給半數的幼犬餵食，並且每隻每次（間隔2至3小時）餵食的量不要超過狗用奶瓶的一半。

在幼犬10到14日齡時，牠們就會睜開眼睛，變得比較活潑，而且開始有一些早期的玩耍行為出現。大約從2週齡左右開始，便可以試著餵食幼犬一些固體的食物。例如可選擇一些罐裝的人用嬰兒食品或是碎肉罐頭（肉類先被冷凍，然後磨碎再使其軟化的製品）。就像前面所提到的，一些廠商都有供應給此一時期幼犬專用的特別配方狗

食，這會比其他的食物更適合該年齡的幼犬。

在這時期母狗有時會反芻出一些食物給幼犬吃，這是相當正常的現象，所以可以放心的讓幼犬去吃母親所弄出來的食物。

從2週齡開始，幼犬必須每隔2星期左右服用藥丸或是藥水，作一次驅除腸內寄生蟲的動作。驅蟲是絕對必要的，因為幼犬很可能在出生之前，就因為母狗的傳染而有寄生蟲。而且不管如何仔細的照顧管理，大部分的母狗仍然有可能在身體內的某處藏有潛伏的線蟲類幼蟲。一旦接觸到母狗懷孕期間所釋放的雌性荷爾蒙，這些潛藏的幼蟲就會被「啟動」，然後開始發育並向胎盤移動寄生在幼犬身上。在這段期間內母狗也必須每隔2星期驅一次蟲，因為母狗很有可能在為幼犬清理之際，因食入寄生蟲卵而再度被感染（參見96至102頁，「寄生蟲」）。

自3週齡開始，嘗試讓幼犬接觸人類便是個很重要的課題，因為從這時開始牠們必須慢慢習慣被人擁抱。如果這時候家中有客人來訪，最好是針對這點作一點預防措施，例如請你的客人先脫掉鞋子，以及事前洗手以防止病原菌的傳播。

在2到3週齡之間還有另外一件重要的事情，就是可以開始讓幼犬離開狗窩，去練習在外面大小便。而這個區域必須事先鋪好報紙，或者原本就是一個沙堆。如果此時室外的天氣相當暖和，也可以試著讓幼犬去接觸一些草地。

上圖：幼犬可以從玩耍中學習——當玩得太過火而傷害到兄弟姊妹時，母狗會訓誡懲罰牠們。
下圖：抓起幼犬的正確方式：注意要小心的支撐住牠的身體。

開，3週齡左右的幼犬就會開始玩耍。大約在3到5週齡之間，牠們就會開始對靠近的任何物體有所反應，而這段期間也正是幼犬學習與人接觸的重要時期。但是6週齡左右是幼犬開始懂得感覺恐懼的階段，因此在這個時期讓他離開兄弟姊妹並不適當。另外一個恐懼的階段則是在14週齡左右，如果事先經過充份教育的幼犬並不會表現出異常，不過在一些案例中，在遇到有些新的事物以及陌生人時，所表現出來的變化是非常戲劇化的誇張。如果你發現你的幼犬有這一類的情形，你所能做的便是耐心的去了解牠。

在7到8週齡之間，狗兒基本的喜好、特定部位的骨骼發育，以及一些掌管代謝的組織器官都開始快速發育。因此這個時候是讓幼犬離家的一個很好的時機。

在自然界的狀態下，幼犬通常會在家族中待到6個月大甚至更久。這個時期中個體便會開始出現強勢與弱勢之間的差異變化，但一隻在8週齡時強勢的幼犬，不見得能在12週齡時繼續保持強勢。

幼犬在成長過程中學習玩耍。如果其中一隻咬得太用力，被咬的一定會哀嚎，並且拒絕再跟咬人的玩耍。在這樣的過程中，幼犬就可以學會在玩耍中的力道控制。母狗在此時也會嚴格訓練幼犬的行為，牠會以嘴巴擋住幼犬的頭部以阻止一些不適當的行為，或者以腳爪壓在幼犬的脖子或是肩膀上。當人類訓練幼犬時，這些動作就是一個很好的模仿對象。

在大概7到8週齡左右，就可以讓幼犬離家到新主人的地方去。不過一般會比較建議至少讓幼犬接受一次預防注射後再離開。通常在一整窩幼犬都要注射預防針時，獸醫師通常會給予些許優惠，還有最好是能讓每隻幼犬要出售之前，能再接受一次比較完整的健康檢查。

幼犬的社會化發展

當幼犬出生時，牠們並沒有視力跟聽力而且活動力受限。不過即使在此一時期，幼犬們仍因吸食母奶而有競爭行為。尤其在一胎的隻數相當多的情形下，並不是每一隻幼犬都能夠同時餵食到，只有少數強壯的幼犬能夠每次都吃飽。

不過在出生後的前2週（新生兒期），聽覺、嗅覺、視覺、觸覺以及味覺就會開始快速的發展。

大約10日齡左右，幼犬的眼睛跟耳道就會打

幼犬的社會化發展

出生	1-10天	3週齡	5週齡	6週齡	7至8週齡	14週齡
看不見 聽不見 行動能力受限	眼睛打開 耳道打開 開始玩耍	對任何接近的人或物有正面反應	可以開始增加與人的接觸	第一個恐懼期：此時不要將牠與母狗和兄弟姊妹分離	可以開始上廁所的訓練，幼犬可以開始帶到新的家庭	第二個恐懼期：要有耐心和理解力

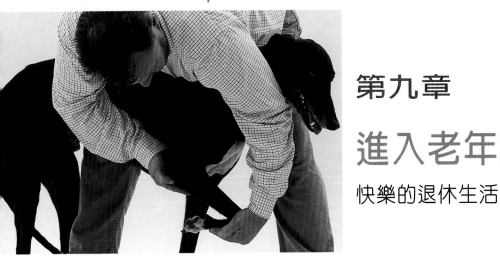

第九章

進入老年期

快樂的退休生活

就像人類一樣,狗兒因為營養以及健康照顧上的改善,而逐漸的越來越長壽。雖說狗兒的壽命隨狗種不同而有很大差異,但與20年前相比,狗兒的壽命的確是增加了。

因此現在所有狗兒中,有更多年老狗兒需要特殊的照顧。隨著年齡的增加,健康情形也會逐漸惡化。雖然並沒有任何方法可以停止身體老化,但是將老化影響減到最低仍是有可能做到的。

老年的徵兆

毛髮變灰以及被毛改變:老年的初期徵兆之一,就是口吻部以及眉部變灰白;然而因為此項變化有可能早在5歲左右的狗兒就開始發生,因此並不能算是典型的徵兆之一。

狗兒在老年後被毛會有增長的傾向,即使短毛狗種亦是如此。而趾甲的生長速度也會比以前快得多,所以趾甲的修剪也需要比以前更加頻繁。

熟睡:老年的另外一個徵兆,就是逐漸變深和變長的睡眠狀況。老狗比較容易因突然驚醒而受到驚嚇,甚至如果在被碰觸的情形下驚醒,還有可能狂吠甚至咬人。

- 將家中老狗的床鋪放置在一個安靜、不吵雜的地方,使牠休息時可以舒服的放鬆。

- 將家中其他寵物盡可能的與老狗保持距離。

進食和飲水習慣的改變:

- 食慾降低、厭食或是進食困難。後者可能是因為牙齦發炎疼痛,或是缺乏牙齒所致。

- 飲水量增加。這可能是腎臟疾病或是其他病症正在形成的警訊。

老狗會因為飲食的改變而獲得好處,所以食物應換成較容易消化,以及含有較低比例的蛋白質以減輕牠們比較衰弱的腎臟的負擔。有些具有特別治療效果的處方飼料可以再受醫師那裡取得,他們同時也都會建議較為頻繁的身體檢查以及抽血檢查來監測肝臟及腎臟功能(參見116頁～122頁)。

消化問題:病徵包括嘔吐、下痢以及便秘。飲食上的重要變更應該包括:

- 一天分成3或4餐,少量多餐(如同幼犬)

- 給予水煮蛋(最容易消化的蛋白質)

- 餵食由你的獸醫師所建議的處方飼料

關節的變化和關節骨炎:老狗以及長期睡在戶外或是堅硬地板上的狗兒,比較容易發生這類狀

---

*上圖:*當狗兒年齡漸長,牠們的狗吻部也會變灰,並有可能發生骨頭關節炎等問題,而導致膝蓋的僵硬——就像牠們的人類伴侶一樣。

況。早期的病徵是起身開始行走時關節僵硬，稍後即會改善。在大部分的病例上可發現走路有困難、後腳虛弱無力、跛行和疼痛症狀(參見108～109頁，「疼痛」)，當你發現上述任何一症狀，立刻告知你的獸醫師，並遵守他（她）的指示。

治療方法包括：

- 每天給予非類固醇性抗發炎藥物
- 可以促進關節液產生的藥物
- 順勢療法以及天然藥物，例如像富含糖蛋白類（glucosamine）的物質，可以取材自藥草或是以鯊魚軟骨做來源。

膀胱容量與膀胱控制能力的降低：最早期的徵兆之一，可能是狗兒一個晚上需要上好幾次廁所。狗兒同時也開始失去對膀胱的控制能力（小便失禁），在牠自己的床上或是坐下、躺下的地方留下一小攤尿液。

為了確保狗兒的乾淨與舒適，你需要為牠製作特別的床墊：先在床上舖上一張塑膠布，然後蓋上厚厚的一疊報紙，最後再舖上一件人造毛皮或是羊毛的地毯。狗兒的尿液會透過地毯而被報紙所吸收，而床墊的最上層就可以保持乾燥。報紙在需要時可以很容易被更換。

下圖：如果你能忍耐跟體諒家中老狗需求的改變，牠一樣可以享受一個快樂和舒適的年老生活。

便秘：關節炎可能改變老狗，使牠無法由正常的姿勢去排便。這時可以考慮以下的修正方法：

- 增加食物中纖維的比例，例如增加麥麩或同原料的餅乾，以及磨碎的蔬菜，然後加一大湯匙的礦物油當作潤滑之用。
- 直接變更為你的獸醫師所推薦的狗食。

聽力衰退：在衰退初期，耳聾的現象可能還不容易被發覺，因為許多狗兒都可以馬上適應得很好。因此可以注意下列的徵兆：

- 吠叫次數增加，而且通常並沒有其他明顯的理由。這可能會發生在當狗兒躺在自己床上時。
- 吠叫的聲音改變，通常會改變得較高音。
- 有時會聽不見你的叫喚。

因為狗兒聽力退化，所以要特別注意照顧以免發生意外。如帶出去散步時盡量靠近你，以身體接觸動作取代聲音叫喚——例如以走向前帶牠回來，取代遠遠的叫喚牠回來。

視力衰退：在發生的初期，視力衰退是不容易被查覺的，中後期的徵兆包括：

- 眼球呈現藍色的色彩（角膜受影響）。
- 眼球中心出現白色（白內障）。

- 狗兒會撞到家具等物體。
- 狗兒討厭在夜晚或是陽光強烈時外出散步。

試著不要隨便移動家中的家具位置，同時注意保護狗兒的安全。即使是一隻半盲，甚至全盲的狗兒也可以在熟悉的環境中（因可以記得家具位置），過著令牠滿意的生活，直到老去為止。

衰老：病徵包括：

- 失去方向感
- 焦慮不安
- 引起你關心的需求度增加
- 吠叫頻率增加

現在沒有任何藥物可以有效治療衰老的現象，所以最好的方法還是與獸醫師討論一下相關問題。

如何照顧年老的狗兒

就像老人家一樣，年老的狗兒也有脾氣好或脾氣壞的時候。因此你必須去適應、容忍和體諒狗兒的需求。隨著狗兒的逐漸老化，你可能會越來越需要獸醫師的參與，以及提供藥物的需求。

為了降低年老狗兒的壓力，建議提供牠一個由聚苯乙烯製成或是羊皮的地毯當作床墊。並可以利用加熱的電毯提供額外的保暖，並且不要讓你的老狗兒直接躺在地板上面。因為老狗會花很多時間躺下，因此會在肘部以及肘關節的地方產生胼胝。而粗糙的地面會使這些部位產生發炎以及疼痛，還有可能會造成潰瘍。

你也可以：

- 放置一些床墊或是地毯在狗兒最喜歡躺下的地方，並且遠離烈日以及潮濕的地方。
- 盡量避免在陽光強烈時帶狗出去，或是在氣候非常嚴寒時外出。
- 為牠穿上狗衣服，即使在室內也一樣。
- 為可能造成狗兒摔倒的環境作一些保護措施：比如說在樓梯和台階等地方設置柵欄，以及確認狗兒不可能從陽台上跌落。
- 不時用手按摩後腳部位以促進牠的活動力。
- 讓狗兒做牠想要的，而不是你希望他做的運動量。因為狗兒的嗅覺以及視覺能力都開始退化，會開始分不清楚方向，所以當沒有用狗鍊牽著狗兒時，盡量離牠近一點。

下圖：肌肉與骨骼問題在狗兒年老後也是常見問題，有些狗兒會由按摩療法得到些許助益。

如果家裡的老狗食欲變得較差，可以試著稍微加熱牠的食物，或者更換成口味較好的狗食。並且根據每天的活動量來調整餵食的量，因為如果狗兒運動量減少，多餘的熱量必定會導致體重的增加，而一隻過重的狗兒相對有比較容易發生心血管疾病以及其他問題的傾向。可以向你的獸醫師洽詢關於一些針對特定健康情形所調配的特殊處方飼料（參見40頁，〈狗兒的營養〉）。

同時也要監測狗兒一天所攝取的水量。如果狗兒飲水量有增加的趨勢，建議與獸醫師討論此一情形。定期帶狗兒前往動物醫院做健康檢查。預防注射仍需要按照既定時間接受補強注射，另外還有牙齒與牙齦的檢查以及肛門腺的清理。例行的血液檢查可以幫助了解健康情形。

考慮下一隻寵物

當你的狗兒逐漸老去時，你可能會考慮再帶一隻較為年輕的新狗兒回到家裡。雖然你可能需要花一些時間讓兩隻狗相處融洽，不過這樣的方法製造出了一個轉變期，可以幫助你面對逐漸逼近的可能失去一個老朋友的狀況（參見66頁，〈狗兒常見的行為問題〉）。

不過反過來說，你可能會考慮等待。因為照顧老狗對你來說可能已經疲於應付，而沒有時間跟心思再去應付一隻需要許多訓練以及多加關心的年輕狗兒。

如果你還有疑問，不妨與你的獸醫師或動物醫院裡的員工討論你所遇到的問題。

「那一天」的到來

在這段時間可能是你與狗兒的關係中最為艱困難過的日子，另一方面，這也是你回報狗兒的一個機會。因為這可能是你最後的一個機會，來回報狗兒陪伴你的所有快樂日子裡給你的愛和對你的奉獻。如果你知道剩下的日子裡可能會發生什麼，你就必須學習自己堅強起來能去陪伴牠。

當你的狗兒變得越來越虛弱時，牠對你的依賴也會日漸增加。肢體上的接觸，以及溫柔、適度、充滿愛心的按摩是非常重要的。所以盡可能花多一點時間撫摸及擁抱牠，讓狗兒知道你在牠身旁，以及你有多關心牠。

最後的決定

有些時候，這個最後的決定必須由你來做。死亡有時候是來得非常突然的，尤其對飽受疼痛與折磨的狗兒來說，是一個快速且充滿慈悲的解放，以及一個愉悅將盡的生命終點。

下圖：白內障在老年狗是很常見的——眼睛中間會呈現白色——不過大部分的狗兒可以慢慢適應。另外，手術也是很好的選擇。

然而，在許多情形下，這樣的時刻並不會自然到來。身為主人的你，必須對執行「安樂死」與否下最後決定。這個決定也許很容易，但你也可能會發現其實非常困難。因為即使我們每天、每年都不斷的在電視、錄影帶或電影中見證死亡，甚至一年好幾百次。但是社會上大部分的人們都沒有親身參與過死亡的過程，尤其是在毫無心理準備的「真實世界」中。

如果你的家中有小孩，與他們討論這個狀況，並且讓他們能發表意見與感覺。談論關於養狗的正面看法，並解釋不管如何的細心照顧狗兒，牠們的壽命終究會比我們所期待的要短些。

影響你的決定中最關鍵的因素，應該是怎麼樣對狗兒才是最好的，而不是對你以及你的家人。你可以在獸醫師的幫助下做出這項決定，而他們也常是最好的諮詢者以及意見提供者。獸醫師跟他們的員工都可以了解你失去狗兒的失落感與悲傷，但也清楚他們可以在非常人道的情形下，安詳的結束狗兒所受到的苦難。

悲傷的過程：悲傷是當摯愛的人或是寵物死亡時，人類應有的自然反應。當社會已經普遍承認有人死亡時需要有所宣洩，但對寵物死亡需要宣洩卻無法理解。不過在今日情形已有所改善，因為我們已經比較了解那些人與寵物伴侶之間的牽絆，以及人與寵物所發展出來的情感。以下是5個已經被整理好的悲傷過程分期。

1. 否認與沮喪

當你知道你的狗兒已經進入生命的最後一段日子時，可能會導致你的意志消沉。有時候這會是下意識的，不會馬上被你身邊的人察覺。

你可能會說服你自己說你的獸醫師是錯的，或者是事情其實沒有他們認為的那麼嚴重。這樣的反應可能減緩了你正經歷在情緒上可能的爆發。

2. 條件交換

在人的悲傷過程中，包含可能提出某些條件來給所愛的人。雖然這類事情比較少發生於寵物身上，但你可能還是會對寵物說：「如果你好起來的話，我會帶你去你最愛去的公園」之類的話。

3. 痛苦和憤怒

你在情感上的痛苦可能會引發憤怒的情緒，並將此情緒施加在某人身上，尤其是和你親近的人甚至是你的獸醫師。這可以幫助你紓解心中的挫折感，雖然是建立在其他人的迷惑之上。不過這類憤怒也有可能造成自責的感覺，例如心裡浮現出的罪惡感：「如果我沒有這麼做……」等。

在這個階段，獸醫師所給你的支持可能是特別有效的。負面的心情並不是下意識的，需要你把它改變為正面思考如：「幸好我做了什麼……」。

4. 悲傷

在這個時期憤怒與罪惡感都已經消失，而你必須去面對最嚴酷的事實：狗兒的死亡。在這個時期唯一剩下的只有空虛感，而且你所受到的支持與鼓勵越少，這個感覺就會拖的越長。

如果沒有辦法得到你的家人或是朋友的支持與鼓勵，那麼可以轉向其他的來源去尋求。例如你的獸醫師，或是專業的心理諮商。

5. 接受與釋懷

一般來說，這需要花費大約3到4個月的時間，但是最後你的悲傷終會結束。回憶將會取代悲傷，而感謝也能夠取代失落的感覺。你甚至可以藉著獲得一隻新寵物來慶祝。

上圖：一張寵物肖像可以用來紀念心愛的寵物，就像這張猴面梗犬的古老畫像所示一樣。

由於我們的寵物注定擁有比我們短的壽命，因此平均來說一個主人終其一生可能必須承受心愛的寵物離開我們的失落高達5次或更多。每一次這樣的失落發生，主人必定會經歷一次悲傷。而且這樣的悲傷並不會因為多經歷幾次而好過一些，因為每一隻寵物都是獨立的個體，主人都會個別為牠們感到哀傷。

不過如果你知道悲傷的各個時期，以及你的家人、朋友和獸醫師能如何幫助你，你就可以用最少的痛苦和最多的愛，來應付這個失落的過程。

安樂死：安樂死的程序大致上來說跟狗兒要手術前進行麻醉是相似的，除了安樂死會給予過量的靜脈注射麻醉劑以外。這個過程是完全無痛的，而且狗兒會在僅僅3到5分鐘間就完全失去意識。

你可能會希望在整個過程中都能在旁觀看。在靜脈注射過程中，輕柔的撫摸狗兒的頭部，然後在狗兒走了以後花一點時間輕輕抱住牠。當然你也可以選擇不要觀看整個安樂死的過程，在結束後再來道別。看與不看決定權都在你身上。

在這個時間點上，你可能會感覺到排山倒海而來的失落感。不要害怕將感覺表達出來。你的獸醫師以及協助的醫院員工都會了解這是自然天性的反應。

安葬或是火化：如果你希望，你的獸醫師會協助你進行下一個決定。

狗兒的土葬儀式並不常見，而且如果你並沒有一個合適的地點，建議還是考慮火葬的方法，並安置於寵物的安樂園。價格方面則有多樣選擇，完全取決於塔位的大小以及骨灰罈的品質好壞。有的安樂園的價格內還包括了一小塊刻有動物名字的石牌，不過你也可以選擇更精緻的紀念碑。

如果你是選擇火葬，那火化後會有個裝有骨灰的棺木或骨灰罈交還給你。

你也可能會想委託人製作個紀念肖像，一個耐用持久的照片或畫像可以固定在任何材質的表面上。現在許多安樂園也都有提供塔位的事後照料。甚至提供家族墓園、狗兒的生前契約，或是塔位的各項周邊服務和定時的誦經等。

心理諮商：對有一部分的主人來說，悲傷的遲遲未消會變得難以忍受，這時可以尋求協助。你可以考慮接受傳統的心理諮商服務，或是一些獸醫的訓練教學機構，這些地方都有提供社工來讓狗主人諮詢。有些心理諮商機構是不分晝夜的。另外，你的獸醫師也可以給你一些心理上的建議。

下圖：狗兒如果經常在寒冷天氣睡在堅硬的地面上時，很可能會在老年後得到關節炎。早期的病徵之一就是站起來時四肢僵硬。

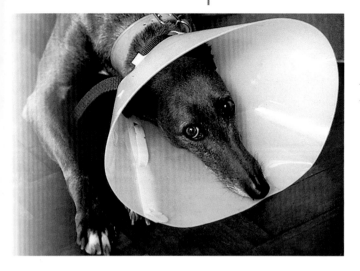

第十章

保護狗兒的健康

動物醫院

為了保護狗兒的健康，需要有經常持續性的健康照顧計畫：其中有部分是來自身為主人的你，而另外一部分則由地區性的獸醫診所或是動物醫院提供。

動物醫院不僅僅是治療疾病的中心，他們的獸醫師以及受過良好訓練的員工們，通常也是提供實用資訊以及友善建議的最佳來源。

大部分的動物醫院也是非常有價值的公眾資訊中心，他們可以提供區域的住宿設施、狗兒陪伴以及臨時性的照顧服務等資訊。大部分的醫院也都設有公布欄，可以將一些資訊公布於此。

獸醫學在這些年來的變革，尤其是近十年的進步是相當值得注意的。除了放射學(X光)以及例行性的血液採樣，現代化的診斷工具還有超音波學(超音波掃描儀器的使用)、核磁共振造影(MRI)以及電腦輔助斷層掃描(CAT)。在其他領域的獸醫專業化包括：

○ 麻醉學
○ 整形外科學
○ 眼科學
○ 內分泌學
○ 皮膚科學
○ 動物行為學
○ 牙科學
○ 藥學
○ 外科學
○ 放射學
○ 影像診斷學

在用於照顧動物的健康上，許多古典及現代並陳的診斷和治療方法，已經是被承認許可的一部分。例如補充獸醫學(或稱補充和非傳統獸醫學—CAVM，有別於西方傳統醫學)，其中許多方法已經在人類醫學方面使用多年，但是被整合入獸醫臨床實務上，卻僅僅是近幾年的事。

例如，現在有些接受過特別訓練的獸醫師，能使用獸醫針灸學以及針灸治療(以針灸針、注射針筒、低功率雷射、磁石以及其他用於診斷治療的技術，來檢查或刺激動物身體上特定部位的點)、獸醫推拿(經由操作和調整特定關節，尤其是脊椎以及數處顱骨來檢查、診斷、治療)，獸醫指壓治療、順勢療法、草藥、食療甚至使用花香精油(真花的萃取物稀釋液)療法。

免疫系統

動物的身體裡就像人類一樣，有著許多防禦疾病的機制，幫助他們抵抗來自外界的病原體微生物。

上圖：一個由紙或是硬塑膠作成的簡單伊麗莎白項圈，可以預防狗兒去搔抓舔咬他的傷口而造成二次感染。

初級屏障

○ 健康的皮膚可以是良好的身體屏障。

○ 位於鼻腔、氣管和支氣管的黏膜組織可以幫助捕捉外來物質,以避免其進入肺部。

○ 胃酸可以殺死許多入侵的微生物。

○ 小腸黏膜所分泌的黏液亦為一道屏障。

○ 肝臟可以摧毀細菌所產生的毒素。

○ 微生物可經由糞便及尿液排出體外。

上述這些防禦機制在動物身體健康的情形下,都能夠運作良好。不過在身體虛弱、不健康、或是肉體或精神上緊張的情形下,其防禦功效將大打折扣。

大部分能夠導致疾病的微生物,其主要組成成分都是蛋白質。如果微生物能夠穿過初級屏障,則狗兒的身體會很迅速的偵測到它的「外來」蛋白質特性,並產生出能對抗它的抗體。對抗疾病的抗體是由位於淋巴結以及脾臟中,專門化的特殊白血球所產生。抗體本身則持續的在血液中循環,並且非常專一的只破壞那些刺激他們產生的微生物(抗原)。

當狗狗的身體第一次與疾病產生接觸(經由環境感染或是因注射疫苗)時,免疫系統會需要10天以上的時間來產生抗體。但是當第二次遭到同樣疾病侵襲時,抗體的產生將會非常迅速,而能夠在疾病發作前就被完全預防。

抗體的力價(濃度)是隨著時間而遞減的,但是如果在抗體有效的這段期間,疾病抗原再一次侵襲(不論外界感染或是疫苗追加),抗體就能夠很快速的再度產生。通常經由疫苗所產生的免疫,無

下圖:有的狗兒可能會變得對動物醫院特別恐懼:如果有此一情形,先拜訪你的獸醫師並要求他陪狗兒玩耍一番,並給狗兒點心。

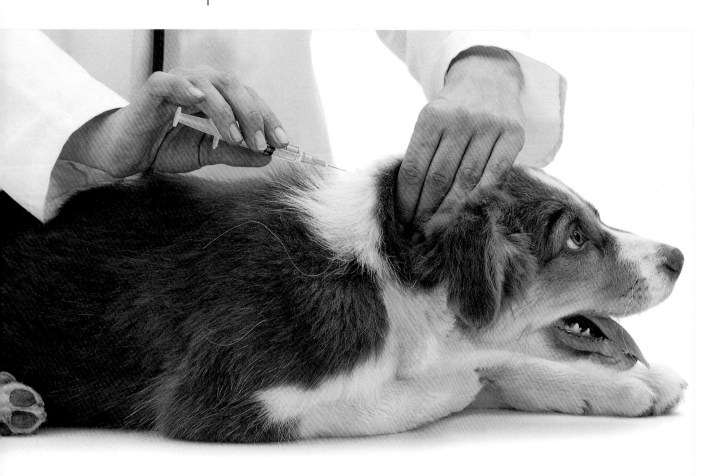

法像自然狀態下被疾病感染所產生的「自然免疫」般能夠維持長久。因此這可以解釋為何需要定期追加疫苗的接種，以保護動物的健康。

被動（母體）免疫

所謂的被動免疫，是指新生的動物由母親方面獲得對抗疾病的抗體一事。

剛出生的幼犬要發展出一套基本的免疫系統，基本上需要約6到12週的時間。為了能在這段期間保護牠們，牠們會從母親那裡接受抗體以作為被動免疫之需。其中有部分抗體是在牠們仍在母親子宮內的時候得到的，不過絕大部分的抗體仍是經由母親的「初乳」（初期分泌的母乳）得到。對

新生的幼犬來說，建立起免疫系統的這段期間是個相當危險的時期，因為只有在母犬分娩同一胎多隻小狗的期間，這麼短暫的時間中產生的這些初乳抗體才能被幼犬吸收。因此先出生的幼犬會比後出生的有機會獲得母體初乳抗體，所以即使同胎的幼犬中，獲得被動免疫的強度會有很大的差別。

但是母犬所能夠提供的抗體，僅限於牠曾經被感染過，或是藉由接種過的疫苗中所包括的疾病。如果一隻母犬從未接受任何疫苗的接種，或是一直生活於與其他狗兒隔離的環境中，那將沒有多少種疾病的抗體可以提供給幼犬，而牠的幼犬也將因抗體不足，會比較難以存活。因此，常

左右圖：*疫苗可以經由注射皮下的方式，或是由鼻腔注入。你的獸醫師會建議你狗兒應該接受的預防注射種類。*

常懷孕(配種)的母犬都必須接受預防注射，且追加疫苗的時間也必須要準時。

主動免疫

所謂主動免疫，是由動物自己的免疫系統來產生抗體，以對抗疾病感染或是疫苗注射的抗原的結果。

幼犬們要能夠預防疾病，必須經由直接接觸疾病或是接種疫苗，來發展出屬於自己的主動免疫機制。

當被動免疫仍然強大時，幼犬能夠避免於感染疾病，但是牠的免疫系統也將不會收到疫苗的刺激，而毫無反應。然而目前有些品牌的疫苗，已經被設計成能夠跨過被動免疫的機制，進而刺激幼犬的免疫系統反應來產生抗體。

有些幼犬會提前在3個月大左右喪失被動免疫，而這些幼犬如果不接種疫苗，就會有暴露於可能遭受病毒感染之下的風險。

典型的預防接種建議計畫是當幼犬要離開母親時，最好能接受過2次的疫苗接種，第一次是在9週齡時，第二次則是在3個月大。不過如果在高疾病風險地區，預防接種可以提早於6週齡即開始，並且每2週接種一次，直至3月齡為止。最好能詢問你的獸醫師關於本地區的疾病狀況。

為狗兒施行預防注射

當狗兒還在育犬舍裡，一些已經達到6週齡的幼犬會開始接受犬瘟熱、傳染性肝炎以及小病毒腸炎的預防注射。到9週齡大時，你的幼犬必須再接受犬瘟熱、傳染性肝炎（ICH）以及小病毒腸炎（CPV）和「犬舍咳」的預防注射。依照你居住的地區而定，牠可能必須再接受依些疾病如鉤端螺旋體或是狂犬病的預防注射。還有再3週後

必須再一次補強注射。

預防注射有許多的品牌。有些可以同時預防多種的疾病，這樣一來可以減少需要的預防注射的支數。你的獸醫師應該會依狀況建議最適合你的狗兒的預防注射。

犬瘟熱

這是狗的病毒性疾病中，第一種被特別發展出疫苗的。犬瘟熱病毒也會傳染給雪貂、狐狸、浣熊、狼以及石龍子（蜥蜴的一種）。此病曾經是狗兒的殺手，不過因為長期性預防注射計畫的普及，在許多國家中已經不那麼常見。雖然成年的狗兒也有被傳染的危險，原則上本病最常發生於未成年的狗兒身上。而導致發病的原因通常是因為預防注射未能按照時間做補強。

初期的症狀包括食慾的喪失，而感染的狗兒通常會伴隨著喉嚨痛、咳嗽、發燒以及眼睛鼻子的黃色黏稠分泌物等呼吸道感染的症狀。有時候也有可能會發生因下痢而導致的腸炎。

在有些狗兒身上，本病會在接下來發病的2到3個星期間開始感染神經系統，導致肌肉震顫、癲癇發作甚至癱瘓。即使復原的狗兒，也可能會

吸入經由空氣傳播的病毒

狗兒之間的直接接觸

吃下受到污染的食物

由昆蟲或動物叮咬傳染

經由傷口直接接觸傳染

飲用受到污染的母乳

病毒可以由數種方式傳播，因此要分辨狗兒是經由哪種方式傳染病毒性疾病並不容易

留下永久性的神經系統傷害，而在幼犬時期感染的狗兒常會在牙齒發育的過程中，產生恆齒的琺瑯質變形問題。有些狗兒發病時腳底肉墊會變硬，因此犬瘟熱也有個別名叫做「硬肚症」（hard pad）。

犬小病毒感染（CPV）

本病與發生在貓身上的貓腸炎非常相似，甚至有可能是由貓的腸炎病毒突變而來。本病是在1970年代末期首次出現，隨即以非常快的速度擴散到全世界。本病傳染的媒介為經由糞便或是狗與狗之間的直接接觸，而病毒可以很容易的經由狗兒的四肢或被毛攜帶，或是被污染的容器甚至人類的衣物鞋子，而傳播到另外一個地方。傳染原的病毒可以長時間存在於環境中，而且能夠抵

抗非常惡劣的溫溼度狀況。

對年紀很小的幼犬來說，本病還可能導致心臟肌肉的發炎（心肌炎），因此常會造成突然猝死，且在哺乳期的幼犬死亡率非常高。幼犬即使僥倖捱過，恢復期也長達數週之久。在年紀較大些的幼犬或是成犬上，則會有高燒、腸炎（伴隨著嘔吐與下痢），死亡率則在約10%左右。

犬傳染性肝炎（ICH）

本病毒感染主要發生在幼犬身上，具有相當強的傳染力且會導致嚴重的肝臟傷害。許多被感染的狗兒外表並看不出任何症狀，另外有些則會維持無症狀的狀態很長一段時間。上述兩種類型的狗兒，排放出的尿液中都含有病毒，並由此傳染給其他的狗兒。

在症狀上差異性很大，從輕微發燒到嚴重的症狀發生，甚至可能在數小時後死亡。患病的狗兒會喪失食慾，但極度口渴，眼鼻都會有分泌物，甚至可能造成嚴重帶血下痢。早期發現早期治療是相當重要的，因為這樣可以提高痊癒的機率。部分本病痊癒的狗兒會導致眼角膜產生不透明，而使眼睛看起來呈藍色（故俗稱藍眼症）。

犬舍咳

本病是由數種感染因素所複合形成的，本身的症狀相當輕微且受到限制，不過卻可以感染任何年齡的狗兒。致病因子包括了博德氏菌，以及犬副流行性感冒病毒。發生於氣管和支氣管的炎症反應，會導致程度不一的「乾咳」，有時還會伴隨噁心與嘔吐。

犬舍咳具有相當高的傳染力，其傳染途徑主要是由患病的狗兒所咳出的溼氣，經由空氣或飛沫傳染；也因此在封閉區域的狗兒間傳染非常快速，例如育犬舍內（此即為本病命名由來）、動物醫院或是寵物店。本病傳染的高峰時期是在夏天的幾個月間，因為此時狗兒常因為主人外出旅

遊等因素,而被集中在上述機構。本病幾乎沒有什麼致死性,不過乾咳症狀也有可能持續3星期之久,而造成狗兒(甚至包括主人)的極度不適。如果狗兒過於興奮,也有可能導致本病的加劇。

本病目前有預防注射可以使用,可以由每3個月一次注射皮下注射,或者經由鼻腔直接滴入藥劑。

由於本病的關係,大部分狗兒住宿的機構不會任意接受住宿,除非狗兒最近已經接受過預防注射。

鉤端螺旋體

本病也是狗兒極為需要預防注射來預防的疾病之一。本病的病原體含有多種不同類型(血清型),但所有類型都是經帶原狗兒的尿液所傳染。重要的是本病亦可以感染人類,為人畜共通傳染病。症狀則依血清型的不同有所不同。例如鉤端螺旋體會感染腎臟,並經常引起慢性腎臟炎。情形較輕微者,狗兒甚至只是看起來無精打采幾天而已。不過在一些情形嚴重的病例,則出現嗜睡、呼吸困難(因為尿毒——尿素累積於血液內無法排出所造成)、口腔潰瘍以及嘔吐等病徵。更嚴重的情形,還會造成腹部劇烈疼痛。治療方法包括給予抗生素,以及點滴輸液補充喪失的水分。狗兒即使復原後,也會因為腎臟的損傷導致晚年可能發生慢性腎臟疾病。

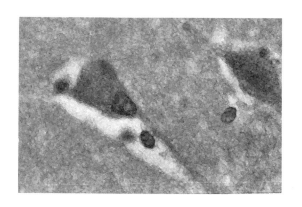

黃疸出血螺旋體通常是由老鼠為媒介傳染,會侵襲肝臟並導致肝實質組織的傷害。在急性的病例中,有造成狗兒猝死的可能。一般病徵則包括嗜睡、嘔吐、帶血下痢及黃疸等。早期發現投以抗生素和點滴輸液可以提高治癒機率。

狂犬病

在一些國家,如美國、加拿大等目前都為疫區,狗兒必須要固定接受預防注射以防發病。狂犬病可以傳染所有的哺乳動物,而在大部分動物上都是具致命性的。本病通常經由唾液傳染,尤其是咬傷,以及唾液直接接觸黏膜(如眼、鼻、口等部位)和傷口傳染。

在歐洲地區,狐狸是主要傳染源;在墨西哥以及中美、拉丁美洲國家,狗則是主要的帶原者。在北美地區的美國及加拿大的主要帶原動物——狐狸、蝙蝠、浣熊、臭鼬及郊狼——常常都離人類居住地區很近。而這種靠近的情形造成了對人類、寵物及家畜的持續威脅。

人類健康與鉤端螺旋體

鉤端螺旋體是狗兒的疾病中,人類會感染的數種疾病之一。因此需要隨時注意衛生保健的重要。確定家中的每個成員(特別是小孩子)在抱過狗後都會洗手。如果你需要抱一隻很可能感染鉤端螺旋體的狗兒,可以先戴上橡膠手套。

本病的潛伏期可以長達2星期到6個月之久。在發病早期,狂犬病常造成行為以及性格上的改變——例如,夜行性動物變成常在日間出沒,野生動物失去對人類的恐懼心,有些動物會變得容易興奮,甚至變得具攻擊性。患病的狗兒常有畏光的傾向。

隨著病情的進展,大約25%的狗兒會表現出「狂躁」的行為,以及可能會在並未挑釁牠的情形下攻擊人。感染「狂躁」型狂犬病的狗兒是非常危險的。但隨著這種症狀出現6天以後,牠們大都會陷入昏迷,甚至死亡。

下圖:顯微鏡下的狗兒腦組織切片,在紫色的腦神經細胞內可見到紅色的小顆粒,正表示狂犬病的感染。

其餘的狗兒則會發展成所謂的「遲鈍型」，在此型的早期便會有咽喉及臉頰肌肉的麻痺，導致其吞嚥困難，而因此口水也會不停的從嘴角滴下。感染此型狂犬病的狗兒，很少能存活超過2星期。

預防：由於在歐美等地區，狂犬病的攜帶與傳播大都靠野生動物，因此控制是一件相當困難的事。任何人攜帶狗兒經過海關進出，都必須出示狗兒過去36個月內曾接受過狂犬病預防注射的證明。而且不僅僅只有狂犬病狗牌就好，在穿越美國與加拿大邊界時，預防注射的證明是同樣需要的。

當需要帶狗兒一起出國時，最好跟即將前往的國家或地方確認一下。在有些非疫區的島嶼型地區（如夏威夷、澳洲、紐西蘭）依法律規定須隔離以防止狂犬病的傳入。在英國因為寵物旅行計畫的推行，因此可以接受特定情形下受過預防注射的狗兒或貓咪進入。加拿大因為並沒有符合此類特別情形，所以在進入英國之前狗兒必須先隔離。

警告：如果你的狗兒跟任何一種可能帶有狂犬病的動物打鬥，唾液中所帶的病毒可能會沾附在被毛或是傷口上。因此必須注意下列幾點：

○ 不要試著去捕捉具有攻擊性的動物。
○ 需要抓住你的狗兒時，儘量使用手套或毛巾。
○ 打電話給動物防治所或相關防疫機構。
○ 儘速帶你的狗兒前往動物醫院。
○ 如果你的狗兒平常都有接受狂犬病的預防注射，建議在72小時內再追加注射一次。

如果你本身被可能患有狂犬病的動物抓傷或咬傷，或是該動物的唾液進入了身上的傷口或接觸到眼睛、鼻子和耳朵，則儘快使用家中的肥皂等清潔用品清洗傷口或是接觸的部位。這樣的方法比任何抗感染的藥物更能夠快速殺死病毒。不過

即使如此，你還是應該儘快接受醫治，包括了一整個療程的預防注射。

例行性的狂犬病預防措施
○ 確認狗兒每年都有定期接受預防注射
○ 盡量不要讓狗兒自己亂跑，尤其是晚間外出時
○ 不要觸碰或是與不熟識的動物玩耍
○ 不要接觸看起來生病的狗兒，即使你的目的是想幫助牠們。不要隨意撿起死亡或是遭到遺棄的動物
○ 不要餵食或是吸引野生動物進入你家的庭院，尤其是不要隨便試著捕捉牠們
○ 清除居住於穀倉或是小屋內的蝙蝠
○ 向住家附近的衛生單位報告被咬的事件
○ 如果發現住家附近有可疑的狂犬病死亡動物，儘快向附近的衛生單位報告

寄生蟲

狗兒可能會遭受到許多種類寄生蟲的傳染，這其中又可以區分為體內寄生蟲（寄生於身體內

上右及上左圖：這隻8週齡大的混種流浪狗幼犬到達新家時有嚴重的蛔蟲問題。經過治療和6週的休息後，看起來簡直像是完全不同一隻狗兒。

染的母犬常常有許多幼蟲潛伏在牠的肌肉以及其他組織之中,而這些幼蟲大部分都不會受到一般驅蟲治療的影響。而母犬懷孕時的荷爾蒙分泌刺激了潛伏於身體中的幼蟲並使其開始移動;有些會移入小腸並長大成成蟲,其他的則會移到子宮內甚至是幼犬的肺部。當幼犬誕生後,更多的幼蟲會經母犬分泌的母乳傳染給幼犬。

由於上述途徑,幾乎每隻幼犬一生下來就受到蛔蟲的感染,即使出生時沒感染也在吸食母乳後得到。在接下來的幾天到幾星期之間,幼犬還有機會吃下蛔蟲蟲卵,而這些蟲卵的來源則是由母犬小腸內的蛔蟲產生,再經由糞便攜帶排出到環境中。

在已經受到感染的幼犬身上,蛔蟲幼蟲經由小腸腸壁移動到肝臟,最後到達肺部。如果幼蟲的數量很多,幼犬有可能因此發生咳嗽以及呼吸道問題——嚴重可能導致肺炎。

有些幼蟲會從肺部進入血液循環系統中,然後循環到肌肉以及其他組織中,在這裡牠們會形成囊包並開始潛伏。有一部分可能會被咳嗽咳出氣管,而進入到食道中被吞下。當幼犬2週齡大的時候,這些蛔蟲已經長成成蟲,並且有能力生產數以千計的蟲卵了。這裡面有些的成蟲在糞便中已經清晰可見,而且在母犬替幼犬清理身體時又傳染回母犬身上。

部,如蛔蟲等)以及體外寄生蟲(住在皮膚表面或是皮膚深層,如跳蚤或是毛囊蟲)。大部分的寄生蟲都有一定的「特異性」,意味著可能只感染特定的一種動物而已。不過這之中仍有特殊例外,如貓跳蚤、牛壁蝨以及羊壁蝨都有可能感染狗兒。

線蟲:

能感染狗兒的線蟲種類繁多,而它們可依身體的形狀、 寄生的部位來分類。其中幾種的線蟲,對狗兒來說特別重要,對牠的主人來說也是——包括蛔蟲、鉤蟲、鞭蟲、條蟲、肺蟲以及心絲蟲。

蛔蟲:

在狗兒身上最常見到的蛔蟲有兩種:犬蛔蟲及獅弓蛔蟲。

其中犬蛔蟲對狗來說特別重要,因為它可以在幼犬尚未出生時就傳染給牠們。一隻被感

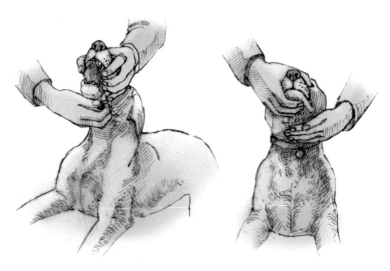

下圖:正確餵狗兒吃藥丸的方法是用一隻手抓住上顎嘴唇牙齒部位,然後用力的拉開其口吻部。此時用你的另一隻手很快速的將藥丸盡量塞入狗兒舌頭的越後方越好。然後使狗兒的頭部保持後仰,直到他吞下藥丸為止。

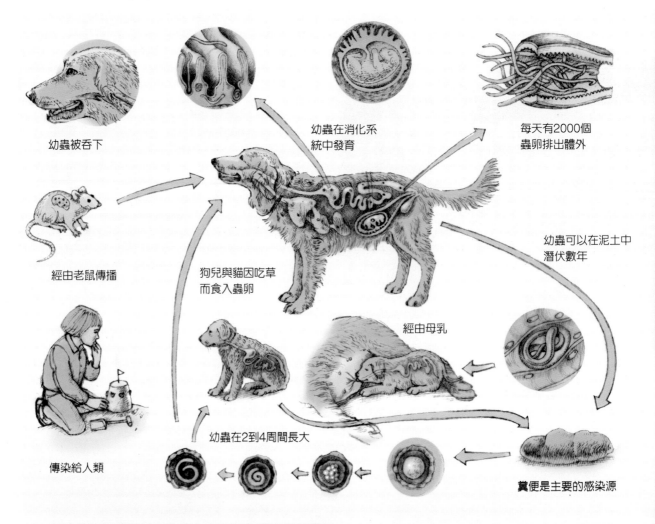

幼蟲被吞下

幼蟲在消化系統中發育

每天有2000個蟲卵排出體外

經由老鼠傳播

幼蟲可以在泥土中潛伏數年

狗兒與貓因吃草而食入蟲卵

經由母乳

傳染給人類

幼蟲在2到4周間長大

糞便是主要的感染源

蛔蟲的生活史以及它的寄主和人類之間的相互關係

幼犬如果有嚴重的蛔蟲感染時,可能會有被毛粗糙、生長遲緩以及下痢、腹部明顯漲大等症狀。如果感染的成蟲蟲體數量過多,它們還有可能會因此阻塞幼犬的胃部以及小腸。

在犬蛔蟲的生活史中,具感染力的幼蟲還可以存在於其他動物如兔子身上(稱為中間寄主)的體組織內,而只有在這些動物被狗兒吃掉時,才會在狗兒的身上開始進一步的發展。

相較之下,獅弓蛔蟲的感染造成的問題就比較少,因為它的幼蟲很少會移動到肺部以及其他組織中,只會在成熟的母狗腸道內發育為成蟲。因

此幼犬並不會在出生前就被感染,或是經由吸食母乳而感染此蟲,也不會因幼蟲移行到肺部或是身體其他組織中而受到影響。

治療:先假定在某個程度上,所有正在餵母乳的母犬以及幼犬都已經感染蛔蟲,所以要儘快的全面治療。有些獸醫師會建議懷孕母犬應該每2個星期驅蟲一次,不過通常並不建議這麼頻繁的驅蟲。可以視實際狀況與你的獸醫師做討論。

截至本書出版之時,很遺憾的是針對潛伏於組織或正在移行中的幼蟲,目前沒有任何一種藥物可

以殺死或清除它們。現在所有的藥物都僅能針對生活於小腸內的成蟲。

幼犬的第一次驅蟲，通常會建議在牠們2至3週齡的時候，並且之後每隔1到2星期再驅蟲一次，直到牠們3個月大為止。之後到6個月大時的驅蟲，則改為每個月一次即可，接下來到老死為止，則建議每年至少驅蟲3到4次。你的獸醫師應該會建議你適合居住地區使用的產品。

因為犬蛔蟲對人類健康也有傷害，每個人（尤其是小孩）都應該要在抱過家裡的幼犬後，徹底執行洗手的動作。

確定你有定時清理丟棄正在餵母乳的母犬以及幼犬的糞便。可以將糞便在庭院中焚燒掉，或是將其沖到馬桶裡。不過千萬不要將其埋在土裡或做為堆肥，因為蟲卵在外在環境溼度合宜的情形下，有可能保存數年之久。

鉤蟲

這種小型、身體渾圓、吸血的小蟲通常會寄生在狗兒的小腸裡，如果數量夠多的話，它們可能會造成狗兒貧血，甚至死亡。

常見會寄生在狗兒身體裡的鉤蟲有兩個品種：犬鉤蟲以及狹頭鉤蟲。在某些地區裡，也可能發現另外一品種A. Braziliensis。在熱帶以及亞熱帶地

寄生蟲與人類

由犬蛔蟲與犬鉤蟲所產的蟲卵，同樣也可以傳染給人類。幼犬（幼貓）普遍都有腸內寄生蟲的問題，所以孩童也因此成為高危險群，特別是那些還在吸吮指頭時期的幼童。

狗兒（不管幼犬或成犬）體內有寄生蟲時，排出的糞便中都帶有寄生蟲的蟲卵，而且在環境條件合適的情形下，蟲卵可以在庭院或是公園裡的草地或泥土中保持數年之久。

當蟲卵意外的被人類吞下時，蛔蟲卵便會孵化成具感染力的幼蟲，不過它們卻不會進一步發育為成蟲，而是在身體裡面徘徊，並造成傷害。這些幼蟲很可能非常危險，因為它們並不是通過既有管道，而是直接在身體裡的組織中鑽過。而這種病症一般被稱為弓形蟲病，有可能因為受到傷害的組織不同而產生各種不同的病徵。有時候幼蟲會偶然誤入眼球之中，並在裡面形成囊包，而這可能會造成部分視力的喪失，甚至也有可能導致該眼全盲。

因此正確的衛生保健習慣是非常重要的，確定家中的孩童以及所有成員在抱過狗兒或與狗兒玩耍後或是吃飯前，能確實做到洗手的習慣。盡量不要讓狗兒舔你的臉或是嘴巴，以及讓狗兒舔食通常由人使用的碗盤餐具。

如果是犬鉤蟲傳染人類，幼蟲會經由皮膚鑽入人體，並留下明顯的突起、不規則的痕跡（稱為*皮膚幼蟲移行*）。

這些問題有相當的部位限制，而且會在數星期自然痊癒。

兩種犬條蟲：囊狀條蟲（Echinococcus granulosus）以及跳蚤條蟲（Dipylidum caninum）也可以感染人類。其中跳蚤條蟲很少造成問題，不過囊狀條蟲則有致命的可能，因為會在身體裡形成囊腫。此類囊腫比較容易發生在肝臟、肺臟，而較少發生在心臟和腎臟以及中樞神經系統，不過一但發生則有可能導致死亡。兒童很容易遭受此類感染，不過因為此類囊腫發生很慢，常要數年之後才能夠確認疾病的存在。

犬跳蚤以及貓跳蚤（Ctenocephalides canis與 Ctenocephalides felis）也都會咬人。大部分的人都只會出現很小的紅疹子，但是少數有過敏體質的人則會產生嚴重的皮膚反應。適當的跳蚤控制，會把此類問題的傷害減到最小。

區較為常見的鉤蟲則屬犬鉤蟲，而英國、歐洲、加拿大和北美洲，狹頭鉤蟲比較容易被檢出。

鉤蟲成蟲產卵後隨即與糞便一起被排出體外，之後便在泥土裡孵化。如果環境適合它們（溫暖而潮濕的泥土），幼蟲可以存活數個月之久。在狗兒常聚集以及排便的地方，如公園等糞便未被清理的地方，或是育犬舍或寄宿機構中久未清理的草地，都可能有大量具感染力的幼蟲存在。

狗兒經由吞下幼蟲，或是幼蟲直接經由皮膚侵入；其中最常見的侵入部位是經由腳趾，而侵入時常引起紅疹以及皮膚發炎。幼蟲最後會到達狗兒的小腸，並在那裡成長為成蟲並完成整個生活史。

犬鉤蟲同樣可以經由皮膚，侵入人體造成感染。

犬鉤蟲的幼蟲跟犬蛔蟲一樣，可以經由母犬所分泌的母乳傳到幼犬身上。當任何一隻狗兒被傳染時，會有一些幼蟲移行到體組織內，並在肌肉中形成囊包，並在那裡潛伏。在母犬身上，懷孕末期的荷爾蒙變化會刺激這些囊包內的幼蟲，並使它們集中到乳腺中。最後這些幼蟲會在幼犬吸食初乳，或是之後的母乳時進入體內。

鉤蟲感染的病徵包括幼犬的成長遲緩以及成犬體重減輕、下痢甚至貧血。至於治療方法則大致都與蛔蟲相同。

鞭蟲

鞭蟲的完整生活史，是由小腸中所存在的成蟲產卵，並將蟲卵隨糞便排出，然後在外界環境中成長為具有感染力，可以感染狗兒並長大為成蟲的幼蟲。

鞭蟲常見的病徵包括體重無法增加甚至減輕、嚴重小腸發炎造成的下痢以及貧血。

條蟲

條蟲的生活史中，需要有另一種動物（稱為中間寄主）吞下蟲卵，而幼蟲將會在其體內成長到足以感染主要的寄主為止。當狗兒吃下中間寄主時，整個生活史便告完成，幼蟲也會開始長成成蟲。

條蟲中有數個品種會感染狗兒：貓條蟲 、豆狀條蟲、胞狀條蟲、 羊條蟲。雖然條蟲最大曾有長至3公尺（10英尺）長的紀錄，不過絕大部分的情形都僅造成很少的健康問題，以致於很容易被忽視。

另外有一種現在最為常見的條蟲種類：犬條蟲，因為中間寄主是跳蚤而也被稱為「跳蚤條蟲」。感染條蟲的早期症狀之一，就是條蟲的「節

1 狗兒吃下污染的內臟

2 節片經由糞便排出體外

4 污染蔬菜

3 被感染的人可能形成危險的囊腫

5 中間寄主可能是綿羊、兔子、老鼠或是人類

囊狀條蟲的生活史

片」會在狗兒肛門附近的被毛、睡覺的床墊上以及糞便中被發現。這些節片開始時有點像小黃瓜的種子，而乾掉後則會比較像是帶殼的米粒。

當你的幼犬3個月齡開始，便需要每個月驅除一次蛔蟲跟條蟲，直到6個月為止。在這之後到老死為止，最好是能夠每3個月驅蟲一次。因為有些種類的驅蟲藥只對特定寄生蟲有效，因此最好是聽取獸醫師的建議以決定該用哪種驅蟲藥物。適當的跳蚤控制也可以幫助減少最常見的條蟲犬條蟲的感染。

另外有一種囊狀的條蟲：犬包囊條蟲特別具有危險性，因為它對人類亦有感染力並會危害人的健康。

這種蟲蟲體只有7mm，但是一隻被感染的狗兒身體裡很有可能含有數以千計的蟲。當蟲卵經由狗兒的糞便排出，可能會不小心被其他的中間寄主如人類或是綿羊食入。而當這些中間寄主吃下這些蟲卵時，蟲卵便會生長成為幼蟲，並且在身體的組織內（特別是肝臟、肺臟等部位）形成囊包狀。

在農場（特別是在飼養綿羊的牧場）工作的狗兒最容易有被感染的風險，因為牠們很有可能會接觸到這類含有囊包的新鮮內臟部位。

在某些國家（如威爾斯以及紐西蘭）裡，條蟲已經成為一個相當嚴重的問題。他們的國家及防疫計畫已經開始宣導不要餵食生的內臟給狗兒，以及確保所有的工作犬都能夠定期接受驅蟲計畫。

肺蟲

肺蟲（Filaroides osleri）的成蟲會在狗兒氣管以及支氣管中的小結節（約2mm）內成長。它們所產出的蟲卵可能經由咳嗽咳出體外，或是被吞下後經由糞便排出體外，或者經由狗兒的唾液傳播。狗兒輕微感染肺蟲時的症狀多不明顯。病情嚴重的時候會有體重減輕、長時間且嚴重的咳嗽等病徵，特別是在劇烈運動後更明顯。

雖然現今已經有數種藥物可以用來治療肺蟲，但是肺蟲的治療有時仍是十分困難的。詳細的情形請詢問你的獸醫師。

心絲蟲

心絲蟲（Dirofilaria immi-tis）的傳染途經，是經由特定品種的蚊子叮咬，直接在狗與狗之間傳染的。心絲蟲的幼蟲（又稱為微絲蟲）通常會在感染狗兒的血液中循環。當一隻蚊子吸了該隻感染狗兒的血液時，它同時也攝入了幼蟲，並且將幼蟲傳染給它所叮咬的下一隻狗兒。當幼蟲進入循環系統中時，通常都會經由血中循環流至心臟、肺臟等各大器官中，最後在該處長成成蟲並開始繁殖下一代的幼蟲。狗兒在被帶有幼蟲的蚊子叮咬後，需經過6至7個月的時間長大成蟲，才能用一些檢驗方法檢查出來。因此在一歲以下的狗兒身上，要確定心絲蟲的感染是不太容易的。

被心絲蟲感染的早期狗兒極少顯現出任何病徵，不過在心絲蟲成蟲數量增加並開始傷害到心臟的內部，以及阻塞心臟的血流之後便會日漸明顯。

一隻感染心絲蟲的狗兒體重多會漸漸的減輕，而且變得比較厭食和容易疲倦。稍後可能會發展成持續的咳嗽，貧血以及腹部腫大，最後可能造成右心房與心室衰竭。

如果你居住在心絲蟲流行的地區（如台灣便是），你的狗兒可能需要定期接受血液檢查來確定是否受到感染。至於進一步的預防和治療方面請與你的獸醫師討論。

血液檢查通常包括由狗兒血液抹片的顯微鏡下觀察是否有幼蟲存在，而某些特殊的染色方法也可以使幼蟲比較容易被辨識。然而就血液抹片來說，至少一半以上被感染的狗兒常常無法發現任何幼蟲，因此你必須藉由一些額外的血液檢驗試劑來幫助確定本疾病的感染與否。

末感染的狗兒可以藉由定期的服用心絲蟲預防藥，來達到殺死幼蟲不至於感染的目的，而已經

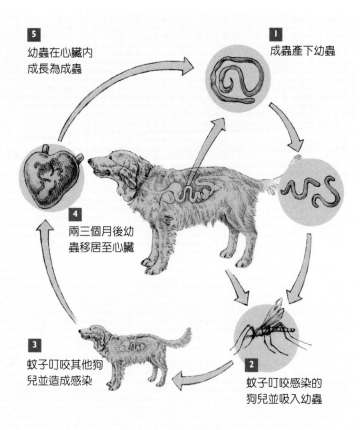

5 幼蟲在心臟內成長為成蟲

1 成蟲產下幼蟲

4 兩三個月後幼蟲移居至心臟

3 蚊子叮咬其他狗兒並造成感染

2 蚊子叮咬感染的狗兒並吸入幼蟲

心絲蟲的生活史：本疾病特殊的傳染途經，是經由特定品種的蚊子的叮咬，直接在狗與狗之間傳染的

感染的狗兒也有有效的藥物可以完全治癒本病。不過治療用的藥物在初期常有嚴重的副作用，因為被殺死的心絲蟲可能會分解斷裂，而在某些大血管內阻塞而造成狗兒的極度不適。

原蟲感染
弓蟲症

弓蟲症是由稱為弓蟲（Toxoplasma gondii）的單細胞原蟲感染所造成，常見於貓咪身上，並可以經由接觸貓咪糞便中含有的囊包傳染給人類。弓蟲病在狗兒身上並不常見，而且通常症狀輕微不易察覺，但是狗主人仍要注意狗兒可能會誤食貓咪糞便而感染，並發生與人類類似的症狀。

人類感染弓蟲的途徑：
○ 接觸到被貓咪糞便所污染的貓砂或是花園的泥土
○ 不小心吃下未清洗乾淨的蔬菜水果上所含的被污染泥土
○ 吃下生的或是未煮熟的肉類（尤其是羊肉）
○ 食用未經滅菌處理的羊奶、優格或是起士

每兩個人之中就有一人有可能在他們的一生當中某個時期感染到弓蟲。初期的感染通常是沒有任何症狀，或是僅有「類似」輕微感冒症狀而已。

然而，弓蟲很可能會在身體內的多種組織裡面形成囊包，並且造成發炎反應，而且弓蟲症對懷孕的孕婦特別具有危險性，因為本病可能會造成流產，或是感染還在子宮裡的胎兒。受到感染的胎兒可能一出生就失明或者是智力障礙。

因此便盆裡的貓砂最好能兩天更換一次以作為固定的預防措施，這樣子弓蟲卵便會在尚未具感染力之前就被移除。

球蟲症

一共有四個品種的球蟲（Cystoisospora）可以感染狗兒造成球蟲症。雖然球蟲並非常見的疾病，但是幼犬仍然具有相對較高的感染風險，其病徵包括下痢、脫水及體重減輕。本病的診斷方式是藉由實驗室檢查糞便樣本來確認，因此接受獸醫師的診斷與治療是必須的。

梨形蟲症

梨形蟲（Giardia lamblia）的原蟲感染發生遍及全世界，而且可以感染人類、大部分的家畜以及鳥類。成蟲通常居住在小腸的腸黏膜表面，可因此干擾消化過程。梨形蟲藉由產生卵囊並排放至糞便中傳染，這些卵囊通常會流至水中而變成主要的感染來源。在寵物中，狗兒是主要的梨形

蟲感染者,但是貓咪也偶爾會發生感染。病徵則是可能會發生輕重不一的下痢現象,並可能間歇性或是持續性的發生。

本疾病的診斷方法是藉由實驗室檢查糞便樣本來確認。目前在獸醫臨床上已經有數種藥物可以用來治療本病。

跳蚤

當你新帶回一隻幼犬時,第一件該做的事就是驅除跳蚤,即使牠似乎並未被感染到。你的獸醫師可能會建議你數種有效控制外寄生蟲的藥物,而這些藥物最好是能夠終生持續使用。如果你家中另外養有貓咪,那麼請一併為貓咪驅除跳蚤,因為貓蚤是狗兒身上最常見的跳蚤種類之一。

如果不時常仔細檢查,還會因為跳蚤而傳染腸內寄生蟲:狗因為誤食跳蚤的成蟲,而感染犬條蟲種條蟲。跳蚤本身也可能攜帶疾病,如腹股溝淋巴炎或是地方性斑疹傷寒。

跳蚤的成蟲大約2至3日進食一次,平均每天大約攝取其體重15倍的血液,然後便開始準備產卵。母跳蚤一天最高能夠生產50個蟲卵,終其一生大約可以產卵數百個。蟲卵並不會附著於狗身上,而是自然的掉落到地板、地毯、狗兒的床墊上以及泥土裡。

當蟲卵孵化為無腳的幼蟲時,它們會想辦法鑽進上述地方的裂縫間,以週邊的有機物殘渣為食。這些有機物包括皮膚的碎屑以及跳蚤成蟲的糞便(裡面包含大量未消化的血液)。經過4到8天後幼蟲便會開始結繭,並在裡面形成蛹。

跳蚤的蛹可以維持在休眠狀態長達2年之久,而且蛹的狀態對一些最常用的殺蟲劑都有相當的抵抗力。

當週邊的環境合適的時候,蛹就會開始孵化——通常是越炎熱越潮濕的氣候越好。實際孵化則是由可能寄主(如狗、貓或是人類)的溫暖或是震動所啟動,且孵化可能只要不到一秒鐘的時間。剛孵化的跳蚤可以跳躍高達半公尺(約20英吋),大約是其本身體長的1200倍之多,而達到

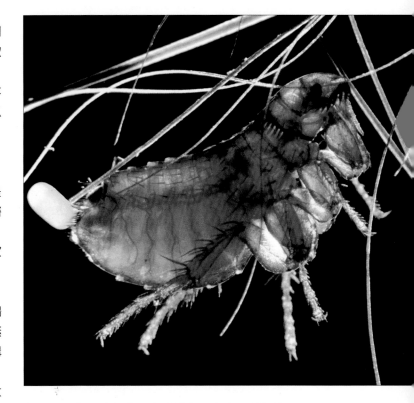

寄主的身上開始進食。在環境狀況完全理想的情形下,完成整個的生活史大概只要3個星期的時間。

由於跳蚤有相當多的時間不在寄主身上,而是在環境當中,因此處理方法必須分為兩方面:
- 殺死狗兒身上以及環境當中的跳蚤成蟲
- 藉由殺死除卵及幼蟲破壞整個生活史

對動物本身的處理:處理狗兒身上的跳蚤問題就是殺死身上的成蟲以及部分殘留在被毛上的蟲卵。目前市面上已經有多種有效的藥物,有些宣稱可以於12小時內殺死狗貓身上95%到100%的跳蚤。藉由塗抹皮膚表面,便可以迅速擴散至全身皮膚殺死接觸的跳蚤。這類藥物亦可以殺死狗兒身邊環境中高達99%的幼蟲。且此類藥物通常可以維持長達一個月之久。

然而光是處理狗兒身上是不夠的,你必須同時處理居家中的任何一隻貓,並於同一個時間開始清理環境。

上圖:一隻正在產卵的跳蚤成蟲。一隻母跳蚤一天最多能產出高達50個蟲卵。蟲卵會掉落在地毯或是狗兒的床墊上,如果你不注意的話,甚至掉在你的床上。

對環境的處理：因為在跳蚤的整個生活史中，僅有其中一部分時間是在狗兒身上，因此處理週遭環境中成蟲居住以及蟲卵發育的地方是非常重要的。

定期以吸塵器清理地毯以及注意木質地板間的縫隙，對物理上的移除它們有非常大的作用，不過這樣也將幼蟲集中於吸塵器的袋子中，並且放置一堆有機物供其繼續進食。如果該集塵袋是可丟棄式的，最好更換掉並加以焚化。如果不是拋棄式的，則可以加入防跳蚤項圈的片段以殺死其中的幼、成蟲。

另外有被稱為「跳蚤炸彈」（國內所謂的水蒸式殺蟲劑）可以用來處理家中環境。這類產品可以產生出具殺死成蟲效果的煙霧，以及一種取自於昆蟲，可以調節其生長以控制跳蚤幼蟲的天然成分。這類成分可以殘留在地毯上長達9個月之久，而達到抑制蟲卵以及幼蟲生長的目的。

為了達到最好的效果，你必須清理整個屋內的每一部分。每個要被清理的房間必須清空並且緊閉，任何房間裡的觀賞魚或是植物都必須被移到他處。

當你對屋內的準備已經完成，則可以開始施放「炸彈」，並且緊閉各房間至少2個小時之久。接下來打開每個房間的門和窗戶，以確保人與動物30分鐘後重新進入屋內時，每個房間都已經過充分的換氣。如果你使用上述產品的其中一種，記得在使用時確實遵照標籤上的指示去使用。

有些地毯清洗劑中已經含有可殺死跳蚤的除蟲成分，定期使用此類產品可以有效的控制跳蚤的問題。

跳蚤過敏性皮膚炎：許多狗兒（或貓咪）都會發生對跳蚤唾液過敏的情形。在溫帶地區甚至有「夏日溼疹」的稱呼，在即使只有一隻跳蚤叮咬的情形下，也會產生過敏反應而使狗兒拼命搔抓或啃咬身體，造成皮膚的嚴重傷害。在大部

分的情形中，都需要受醫師的治療與處理，因為該過敏性反應需要藥物的控制。而且皮膚的傷害也必須治療，以預防傷口感染及促進皮膚復原。

壁蝨

壁蝨通常會寄生在農場的家畜（特別是山羊和綿羊），以及某些特定的野生動物身上。在溫帶地區來說，它們通常只有在夏天的幾個月當中比較活躍。

鹿壁蝨的叮咬會傳染一種人畜共通的「萊姆病」，而這種疾病在台灣也逐漸成為狗兒與人之間的嚴重健康威脅。不過對狗兒來說，這種疾病可以經由預防注射，很容易就可以得到完整的預防。

如果你住的地方是壁蝨流行的區域，或是剛剛牽著你的狗經過有家畜或鹿放牧吃草的地區，請記得仔細檢查全身的皮膚並且移除爬上身的壁蝨。

尤其記得特別注意檢查狗兒耳

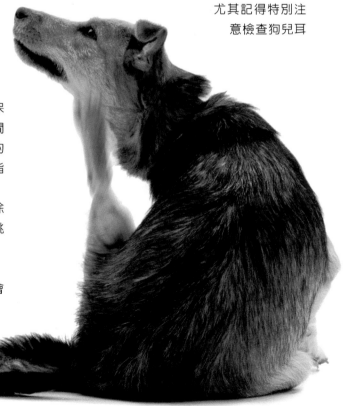

下圖：一個非常熟悉的景象：狗兒正在因為身上的跳蚤而搔抓。驅除跳蚤光是處理狗兒本身是不夠的——你必須同時處理家中其他動物以及居家環境。

朵、頭部以及頸部和肩膀、兩前腳之間還有腹部等部位。然而，請記住一件事，雖然在吸飽血之後有的壁蝨會掉落或離去，但是在很多狗兒身上，都可以看到圍繞著傷口的一堆壁蝨。

當要拔掉附著於狗兒身上的壁蝨時，試著去拉住它的頭部，不然的話有可能會造成膿腫。不過這樣的方法並不是很容易做到就是。

你可以試著用殺跳蚤的噴劑來噴壁蝨，噴完之後先放置12個小時，之後再來拔除已經死亡的壁蝨會比容易清理。

如果希望用一個快速的處理方法，你可以試著輕輕塗抹一些甲醇或是酒精在壁蝨身上來麻痺或殺死它，在稍等幾分鐘後，使用一個尖頭的鑷子來夾住壁蝨接近頭部的地方，然後很快速的將它拔起。然而，記住千萬不要夾住壁蝨的身體，因為這樣的動作可能會導致它擠出更多的唾液進到狗兒的傷口裡，而這些唾液很可能含有毒性（參見下文的「壁蝨麻痺症」一節）。

如果拔除的部分已經產生膿腫，則可以先以溫熱的生理食鹽水清洗，然後再塗抹上獸醫師所建議的殺菌性軟膏。

壁蝨麻痺症： 大部分的壁蝨僅僅會造成短暫的不適而已，但是在澳洲的溫暖海岸區域，有一種叫做Ixodes的壁蝨，其唾液中含有毒素，可以造成漸進性的麻痺甚至於死亡。此症的病徵會在狗兒感染到壁蝨的4到5天之內，慢慢的產生麻痺現象。

初期的情形是發病狗兒的後半身會變得比較無力。然後病情逐漸向身體前半部擴展，而且可能伴隨著吠叫聲音的改變以及呼吸困難，最後可能因為麻痺而導致呼吸衰竭而死亡。因此接受獸醫的治療是非常必要的。

狗蝨

狗蝨並不是一種常見的外寄生蟲，通常只會在疏於照顧的狗兒身上見到。狗蝨也有數個品種存在，比較常見的是咬蝨（Trichodectes canis），通常是以皮膚上的皮屑為食，並會引發輕微的發炎。比較嚴重的發炎現象通常是由吸蝨（Linognathus setosus）所致，這種蝨子會刺穿皮膚吸食體液或血液，而會造成狗兒的貧血。

狗蝨的蟲卵常附著於狗兒的被毛上。蟲體本身呈現灰白色，大約只有2mm長而已，特別容易在耳朵、頭部、肩膀以及肛門附近發現。

因為狗蝨一輩子都在它的寄主身上生活，因此治療方面是相當容易的。其中可以選擇以殺蟲噴劑，或是每5到7天洗一次殺蟲藥水浴，而至少進行3次藥浴。污染的床墊則予以銷毀並清洗消毒附近的區域。

耳疥蟲

耳疥蟲中亦有數種不同的品種會感染狗兒。

常見的耳疥蟲（Otodectes cynotis）大部分都發生於幼犬身上，不過偶爾也會在成犬或是貓咪身上見到。它們會造成發炎並使狗兒搔抓，進而導致二次性的細菌感染而產生炎症反應以及疼痛。診斷本病可由顯微鏡檢查耳朵中掏出的耳垢含有此蟲而確定。

單純的耳疥蟲感染可以經由使用殺蟲耳滴劑（如果你另外有隻貓咪，也同樣使用）治療。然而如果同時有二次性的細菌感染發生，抗生素性藥物（如使用耳滴劑或是注射方式）是有必要的。

蟎蟲

常見會感染狗兒的蟎蟲有以下3個品種。

姬螯蟎（Cheyletiella yasguri）通常居住於狗的毛髮之間和皮膚表面，會造成狗兒的皮膚紅腫起疹子，以及皮屑的掉落，

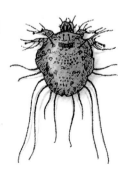

狗兒常因此造成被毛脫落以及皮膚的細菌感染。

疥癬蟲（Sarcoptes scabei）以及毛囊蟲（Demodex canis）則會對狗兒的皮膚造成嚴重的問題。

毛囊蟲會進入狗兒被毛的毛囊部位，造成被毛的脫落以及皮膚發紅。

疥癬蟲會鑽入狗兒的皮膚造成嚴重的紅腫發炎，而使狗兒拼命的搔抓、摩擦甚至啃咬發癢的部位。病徵包括發癢，以及身上小區域的被毛因摩擦啃咬而脫落的現象。本病可以經由獸醫師刮取身上的皮膚組織，經顯微鏡檢查確認。

姬螯蟎的治療方法非常簡單，只要使用一般的殺蟲軟膏或藥水即可達到效果。不過毛囊蟲和疥癬蟲則難以根治而且耗費時間，因為這兩種蟲都會侵入皮膚深處。

1
環繞著口吻部輕柔的打個結

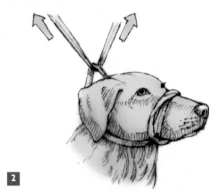

2
將布條繞頸部一圈，然後在後方打結

暫時性的口罩可以用較軟質的皮帶、繩子甚至老舊的鬆緊帶

恙蟲病

這種小蟲（Trombicula autumnalis）僅在某些特定地區發生，而季節上較常見於夏末秋初的時候，剛好是農作物收割的時間。成蟲一般是自由生活於外界環境中，只有它們的紅色幼蟲是具有寄生性的。在狗身上寄生時，這些幼蟲用肉眼就可以觀察到，最常見的感染部位是在腳掌的趾頭之間（趾間的空間處）以及耳殼末梢的小袋狀部位。本病會造成狗兒該部位發炎，並經常用腳去搔抓耳朵，或舔舐腳趾。如果你的狗兒感染此一病症，你的獸醫師會建議你合適的治療方法。

下圖：正確的狗兒抱定方式，是將牠放置平整的表面上，然後一隻手輕柔的繞過牠的頸部，另一隻手則放置於他的腹部。然後用兩隻手使狗兒牢牢的貼近你的身體。

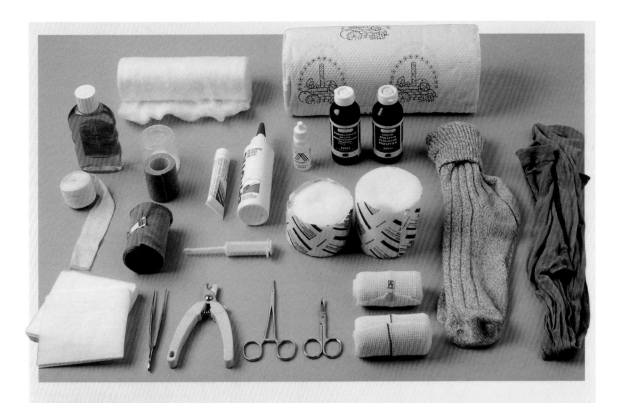

基本的急救配備組合

　　以下所提供的資訊僅僅是一個導引指南，而且不建議以此取代任何獸醫所建議的處理方法。當面對任何緊急狀況時，記得對狗兒所處理的方針，大致上和對人類的都是相同的。

- 寬度各為5公分和2.5公分的繃帶
- 自黏性繃帶
- 2.5公分寬度的捲筒繃帶
- 長寬為5公分×7.5公分的黏性膠布
- 無自黏性的紗布
- 棉花棒
- 鑷子
- 鈍頭彎剪
- 一條堅韌柔軟的繃帶或繩子可以用作臨時的口罩(參見106頁)

- 指甲剪
- 獸醫師所推薦的消毒劑和殺菌劑
- 殺菌藥膏
- 沖洗傷口用的雙氧水(濃度3%)
- 便秘用浣腸劑
- 獸醫師所推薦開立的點眼液和點耳液
- 一捲吸水紙巾
- 一雙舊短襪(用於耳朵出血時包紮頭部用)
- 舊褲襪(用以固定下肢的敷藥部位)

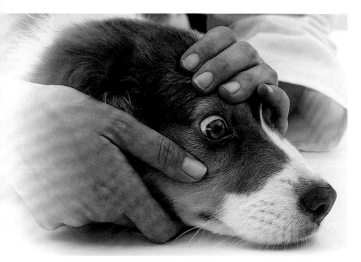

第十一章

監測狗兒的健康

疾病的徵兆

如果能夠越早期發現狗狗在健康上的問題並及早處理，對狗兒本身越好。早期治療的效果相對來說比較好，而且你的狗兒也可以少受點因疾病產生的疼痛與不適。這裡將教導你一些狗兒正常的狀況，以便你在不尋常的狀況發生時能夠及時注意到。還有如果遇到任何可疑的情況，打電話詢問你的動物醫院。

疾病的早期病徵

一些疾病的早期病徵，常常都是狗兒非常細微的行為變化。例如比平常時候安靜、活動力比較差，或者對出外散步興趣缺缺。也有可能變得比較容易口渴，或是食慾沒有平常來的好。不過因為狗兒就像人一樣，偶爾也會有牠們的「休假」，因此你必須持續的注意觀察此類行為變化1至2天。如果行為仍未恢復正常，那就需要採取下一個步驟。

當你的狗兒發生下列任何病徵時，記得與你的獸醫師商量：

- 異常的疲倦或嗜睡
- 身體開口處(口、鼻、生殖器等)的異常分泌物
- 過於頻繁的搖頭動作
- 持續的搔抓、舔咬身體的某一個部位
- 食慾明顯的增加或是減少

- 大量的攝取水分
- 排泄困難、異常或是根本無法控制
- 明顯的體重增加或是減輕
- 不尋常的行為如過動、攻擊性或者嗜睡
- 身體部位的異常腫脹
- 腳無法著地行走
- 起身或趴下有困難

當你發現上述任何一種不尋常時，記得抄寫下來，這可能會是不久後帶狗兒去動物醫院時所需的重要資訊。因為人類的醫生會口頭詢問病人「病歷」，而獸醫師沒有辦法對他們的病人做同樣的事情；所以必須依賴牠們的主人去記得。

疼痛

疼痛是身體的某些特殊神經末梢（接受器）受到刺激時，所引發的反應。疼痛有許多可能的原因，不過大都是因為外傷、細菌感染、中毒或是發炎反應所造成。這常常是疾病最早期的病徵之一。

如果是我們本身覺得疼痛時，還可以告訴其他人。不過雖然狗兒不會說話，但還是有許多方法可以驗證牠們的感覺。就一些狗兒來說，特別是小型的狗種，對很輕微的疼痛都很有反應；不過也有些像獵犬類的狗兒，對疼痛的忍耐力就很強。大部分

上圖：獸醫師可以藉由觀察這隻12周齡的邊境牧羊犬的眼睛，來偵測可能的疾病狀況。

的情形狗兒都會忠實的反映出牠的疼痛。

當你不小心踩到狗兒的腳,或是某樣東西打到牠時,狗兒一般都會哀叫。當你接觸到牠身體上哪一個特別疼痛的部位時也是如此,甚至突然咬你一口。然而,有些時候你唯一看得出牠不正常的地方只有行為舉止的改變。如果是腳部受傷時,狗兒會選擇不使用這隻腳,並且腳不著地以減少該處的負擔,而出現跛行甚至三隻腳行走。

- 如果是關節部分受到傷害,例如:關節炎,當牠起身或趴下時便會因疼痛而哀叫。
- 抽筋會導致肌肉顫動,同時狗兒有可能會發出嗚咽聲。
- 肛門腺發炎或疼痛可能會導致「拖屁股」行為,就是後腳不著地讓臀部在地上拖行。或者狗兒會常常轉頭去檢查導致疼痛的臀部部位。
- 眼睛的疼痛會使狗兒想去搔抓附近區域,或者是去摩擦地板、牆角。
- 耳朵的疼痛會導致狗兒的頭部傾斜向發生不適的一側,並且會經常性的甩頭。
- 嘴巴疼痛會導致狗兒嘴巴經常保持張開,並且持續的流口水。

- 有些疼痛如脊椎、頭部或是體內的器官則比較難察覺和檢查。

下列行為可懷疑為脊椎疼痛:
- 有跛行的現象,但是腳部卻沒有明顯疼痛或異常
- 比較不願意被觸碰背部
- 站起來時會駝背或是發抖
- 大小便失禁
- 排便時無法保持正常的姿勢
- 臀部週邊凹陷

下列行為可懷疑為頭部疼痛:
- 眼睛經常半閉,卻沒有明顯異常
- 常以頭部去頂某些物體
- 經常但緩慢的搖晃頭部
- 時常凝視空中

下列行為可懷疑為內臟疼痛:
- 躺下的時間變多,而且躺下時蜷曲著身子。
- 非常焦躁不安,無法靜下來。
- 腹部肌肉持續緊繃,站立時會弓起身子。
- 常常做出「祈禱」的姿勢,就是前腳趴在地上,但後腳仍維持站立。
- 經常性的低頭查看腹部,或是去舔、咬腹部。
- 排便時異常用力,但是仍無法順利排便。
- 平常十分聽話,卻突然變得具有攻擊性。

怎麼辦:如果疼痛是由於輕微的意外造成(例如不小心踩到狗兒的腳),運用常識處理並觀察結果。如果疼痛在數個小時後仍然持續,則建議聯絡你的獸醫師。如果疼痛是更嚴重的問題所造成的,或是你沒有辦法查出發生的原因,建議帶著狗兒前往動物醫院檢查。

清潔狗兒的耳朵

所有的狗兒在其耳朵內側都生有被毛,所以請經常性的用手指(但別太深入)去扯掉耳內的被毛,並使用鈍頭的剪刀修剪耳殼內側的多餘被毛。

狗兒會因為牠耳內堆積的耳臟,而去搔抓單側或雙側的耳朵。而這些耳臟都是因為耳道外側被毛掩蓋所致,或是輕微的發炎反應。如果耳朵並未造成疼痛或是細菌感染,你可以試著自行清理。

清理耳朵時可使用獸醫師推薦的清耳液。可以的話一天2次,首先慢慢的將清耳液倒入耳道內,並且輕輕按摩,然後在用棉花擦拭溢出的清耳液以及耳臟。但絕對不要使用任何粉末,或是將任何器具伸入耳道內。

如果在清潔完4到5天後,狗兒仍在甩頭,或者開始發現發炎和疼痛的現象,請儘快帶往動物醫院。

上圖:當你使用鈍頭的剪刀修剪狗兒多餘的被毛時,要小心別傷到狗兒。
左圖:獸醫師正在為這隻混種狗檢查關節和脊椎疼痛。

耳朵問題

病　徵	可能原因	處理方法
經常甩頭，耳道內發現黑色分泌物	耳臘堆積過多	參見109頁方法清潔狗兒的耳朵
甩頭，搔抓耳朵，以及黑色細沙狀分泌物	耳疥蟲	帶往動物醫院確定（參見105頁，「耳疥蟲」）
甩頭，紅色、白色或是黃色有異味的分泌物。耳道或是耳殼紅腫發炎。耳朵疼痛不願被觸摸	外耳道感染（外耳炎），這常因為細菌、黴菌、酵母菌的混合感染。如果忽視不理可能會造成耳朵的疼痛與不適，最後造成耳朵的永久傷害	不要將任何器具伸入耳道內，因為可能會戳破耳膜而進一步造成中耳的傷害。 帶你的狗兒前往動物醫院，由獸醫師檢查耳膜是否完好。由醫師採樣做細菌培養以確定感染源。並遵照醫師所開立的處方治療。
甩頭，在地板上摩擦頭部，沒有明顯的分泌物，狗兒頭部偏向一側並表現出不適	異物進入耳道中，通常是雜草種子之類	帶狗兒前往動物醫院，由獸醫師來取出耳道內異物。記得看醫生之前不要餵食，因為狗兒可能會因緊張害怕而需要給予鎮定
頭部偏向一側，走路失去平衡，眼球移動異常（眼球震顫）。狗兒可能還會嘔吐	內耳或是中耳問題（內耳炎或中耳炎）。可能因異物進入耳道或是慢性的外耳道感染	帶狗兒前往動物醫院。如果發生原因能被確定，治療中會包括抗發炎藥物以及抗生素以及止吐藥物
	老狗的前庭症候群。發生原因無法確定；常會在老狗身上突然發生，但對抗發炎藥物有反應	帶狗兒前往動物醫院
耳殼腫脹。發生的耳朵可能會下垂，並伴隨著甩頭	耳血腫。這是一種血液或分泌物堆積在耳殼內的軟骨以及皮膚之間的疾病。確實發生原因不明，但也可能是狗兒甩頭或是搔抓耳殼造成。也有可能是因為自體免疫反應造成	等待48小時讓液體堆積完成，然後帶狗兒前往動物醫院。 獸醫師可能會以藥物或是手術方式來治療此問題。治療包括排掉內部的分泌物，接著使用抗生素以及抗發炎藥物。如果使用外科治療，在麻醉以後切開皮膚並引流，然後確實縫合皮膚以防止液體再度堆積
外表上的黑斑、皮膚發紅	曬傷	每天3次在曬傷部位塗上防曬乳液 每天日照最強時，儘量讓狗兒躲在有陰影的地方
深色、持續存在並無法治療的黑斑	耳朵的腫瘤（扁平細胞癌）	帶狗兒前往動物醫院。治療方法可能為低溫手術，或是以外科方法切除耳殼

耳朵問題（續）

病　　徵	可能原因	處理方法
狗兒聽力變差	耳道內堆積耳臘 內耳道感染 先天的缺陷 年老	帶狗兒前往動物醫院以確定原因

口腔和食道問題

病　　徵	可能原因	處理方法
口臭	牙結石堆積	帶狗兒前往動物醫院。可能需要洗牙
口臭、牙齦發炎和出血	牙齦炎	帶狗兒前往動物醫院。除了洗牙以外，可能需要額外給予抗生素
進食困難、口臭	牙齒感染或斷裂	帶狗兒前往動物醫院。該牙齒需要拔除，可能需要給予抗生素
除上述情形以外，還伴隨著出血、流口水、舌頭下垂	口腔內腫瘤（如黑色素瘤）	帶狗兒前往動物醫院
舌頭下方的明顯腫脹	舌下囊腫（唾液線阻塞）	帶狗兒前往動物醫院。
流口水，搔抓嘴部甚至不斷有吞嚥動作	異物（如骨頭或木棒）卡在上顎臼齒之間，或是於骨頭刺入嘴唇	打開口腔檢查。如果有辦法的話，移去口腔內發現的異物，並注意不要被狗兒咬傷。如果傷害已經發生，或是你無法找到問題的原因，帶狗兒前往動物醫院。
	蜜蜂尾刺（刺入舌頭、臉頰或是牙齦）	如果看得到刺的位置，可以嘗試用鑷子拔除。再仔細檢查口腔一次，如果不只是輕微腫大，帶狗兒前往動物醫院。
	舌頭潰瘍	檢查舌頭。如果有潰瘍或發炎情形，檢查是否接觸刺激性或腐蝕性毒物。試著採取一些懷疑的物質帶往動物醫院檢查。（參見48～49頁，「毒物」）
流口水、噁心或咳嗽	異物卡住喉嚨 犬舍咳	兩項情形都應帶狗兒前往動物醫院
食物回流，可能也有噁心及流口水現象	異物卡住食道 食道發炎	帶狗兒前往動物醫院
進食困難，但無任何其他病徵	神經問題	帶狗兒前往動物醫院

胃部問題

親

病　徵	可能原因	處理方法
吃青草，然後嘔吐出青草和黏液（以及骨頭）	自然排出無法消化的物質	兩者均執行止吐程序（參見49頁，「緊急處理」）
同上，但無吐出骨頭	輕微胃炎	
經常性嘔吐，拒絕進食，精神不佳	胃炎 胰臟炎	帶狗兒前往動物醫院 帶狗兒前往動物醫院（即刻）
同上，但伴隨著其他症狀如下痢（帶血或未帶血），深褐色糞便	由腐壞或污染的食物造成的細菌感染 犬冠狀病毒感染 胃潰瘍 中毒	所有情形都該帶狗兒前往動物醫院
同上，伴隨著弓起身體的姿勢	異物卡在胃部 胰臟炎	帶狗兒前往動物醫院 帶狗兒前往動物醫院（即刻）
腹部漲大，年輕狗兒，可能會有嗜睡、被毛稀少 腹部漲大、噁心、呼吸疼痛	腸內寄生蟲感染 胃脹氣或胃扭轉。胃部在進食後或吃得太飽而造成氣體漲滿胃部，接著可能旋轉一圈，封住了胃的入口和出口。常見於胸腔寬厚的狗種，如拳師犬、德國牧羊犬以及威馬拉那犬，特別是在狗兒進食後過度運動容易發生	驅蟲（參見97〜102頁） **必須馬上做緊急處理** 即刻帶狗兒前往動物醫院。可能需要手術

嘔吐的評估與治療

對狗兒來說，嘔吐是一個自胃部移除物質的自然方法，而且不一定會造成問題。

如果你的狗兒嘔吐1或2次不過卻仍精神很好，移去食物只供應水並觀察4個小時。如果之後不再嘔吐，可以供應少量較清淡的食物（例如水煮雞肉和米飯）。如果仍然正常，再接下來24小時仍持續餵清淡的食物，然後才慢慢的供應牠原來的食物。

如果仍有任何疑問，或有下列情形，請與你的獸醫師諮商：

- 狗兒有精神不佳的情形
- 嘔吐物中帶有血絲
- 狗兒間歇性的（如每3到4小時一次）嘔吐超過8小時以上
- 狗兒即使只喝水仍持續的嘔吐
- 狗兒與家中的垃圾或是有毒物質接觸過

腸道問題

病　徵	可能原因	處理方法
食慾良好卻持續消瘦	腸內寄生蟲感染	驅蟲（參見97～102頁）
同上，排出大量偏白糞便，可能伴隨食糞現象	胰臟外分泌缺陷	帶狗兒前往動物醫院
流口水，無其他症狀	腸道發炎。在嚴重的病例上，會導致腸道的嚴重發炎反應並降低對養份的吸收率。可能與腸內細菌的過度繁殖有關	帶狗兒前往動物醫院
流口水，伴有體重減輕，糞便正常或者有下痢、嘔吐現象		
食慾過度旺盛，可能進食不正常東西	胰臟外分泌缺陷 吸收障礙症候群（無法正常吸收養分） 貧血	兩者均應帶狗兒前往動物醫院
脹氣	飲食不正常，不過也與年老有關。在某些狗種特別常見	餵食高消化率、低纖、低蛋白質、不含豆類和小麥的狗食
慢性體重減輕伴隨正常或漸增的食慾	腸內寄生蟲 腸道腫瘤 吸收障礙症候群	帶狗兒前往動物醫院確定原因
同上，伴隨間歇性嘔吐或下痢	腸道發炎（見上文）	帶狗兒前往動物醫院
同上，伴有大量灰褐色糞便	胰臟外分泌缺陷	帶狗兒前往動物醫院
嘔吐，無食慾	腸道發炎（見上文） 異物卡住 嚴重便秘	前述都應帶狗兒前往動物醫院
弓著身體	腹部疼痛 嚴重便秘	帶狗兒前往動物醫院
排便用力，糞便偏硬 排便後停止用力，沒有嘔吐	輕微便秘，老狗特別常見	給予礦物油（一茶匙或一大湯匙，取決於狗兒大小）
頻頻用力排便，但僅排出少量糞便，精神不佳，可能有嘔吐	嚴重便秘 前列腺腫脹妨礙排便	帶狗兒前往動物醫院以確定原因

腸道問題（續）

病　徵	可能原因	處理方法
連續排便，肛門兩側腫大	會陰部疝氣	帶狗兒前往動物醫院，需要手術
排便時疼痛，有「拖屁股」現象，常回頭看或是舐臀部。可能有膿或是分泌物	肛門腺阻塞、發炎或膿腫	帶狗兒前往動物醫院治療，可能需要灌洗發生的腺體週邊並給予抗生素
糞便中帶鮮血	結腸部分發炎（結腸炎） 腫瘤 肛門腺膿腫	上述都應帶狗兒前往動物醫院
下痢1到2次，沒有帶血，精神很好，無嘔吐現象	食物不適應 輕微腸道細菌感染	禁食只給水一整天，然後給予較清淡的食物一天。如果下痢停止，則逐漸恢復給予一般食物。如果下痢持續發生，帶狗兒前往動物醫院
間歇性下痢，糞便中發現有蟲	腸內寄生蟲感染	驅蟲（參見97～98頁）
持續頻繁下痢，但狗兒精神正常	梨形蟲感染 球蟲感染	上述都應帶狗兒前往動物醫院
經常下痢，有可能帶血。狗兒精神不佳且有腹痛情形	腸炎：細菌性（如鉤端螺旋體） 或病毒性（如冠狀病毒、犬瘟熱、傳染性肝炎，參見93至95頁） 腸道發炎（見上文） 吸收障礙症候群（無法正常吸收養分） 結腸炎 腫瘤	上述都應帶狗兒前往動物醫院

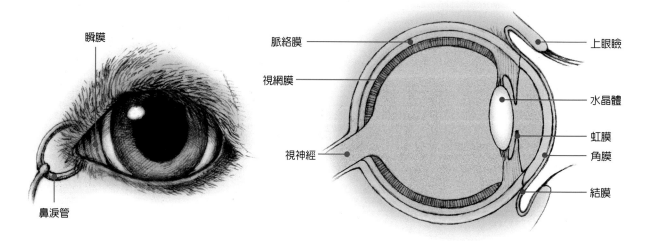

瞬膜

鼻淚管

脈絡膜

視網膜

視神經

上眼瞼

水晶體

虹膜

角膜

結膜

雖然與人類的眼睛相似，不過狗兒有較多的感光細胞，以及和貓咪相同的瞬膜

內分泌問題

病　徵	可能原因	處理方法
腹部漲大，異常口渴，對稱性脫毛，色素沉積	腎上腺功能亢進或庫興氏症候群（腎上腺的荷爾蒙分泌過量）	帶狗兒前往動物醫院
嗜睡，缺乏食慾，可能有嘔吐現象，體重減輕，中年母狗	腎上腺功能低下或埃迪森氏症候群（腎上腺的荷爾蒙分泌量不足）	帶狗兒前往動物醫院
年輕狗兒，成長遲緩 老狗，嗜睡，肥胖，怕冷，被毛稀疏	甲狀腺功能低下（甲狀腺分泌荷爾蒙不足）	帶狗兒前往動物醫院
脖子腫大，過動，食慾大增，極度口渴，排尿量大，心悸	甲狀腺亢進（甲狀腺荷爾蒙分泌過多）	帶狗兒前往動物醫院

眼睛問題

病　徵	可能原因	處理方法
怕光，眨眼	數種可能	帶狗兒前往動物醫院
流眼淚或透明分泌物	風、灰塵、強烈日光、過敏或淚管阻塞。有些狗兒可能天生沒有淚管	以生理食鹽水或是冷開水清洗擦拭，如果幾天之內沒有復原，帶狗兒前往動物醫院
同上，突然發生，眼皮腫脹，臉上有淚水 流眼淚，透明分泌物，結膜紅腫	蕁痲疹 眼瞼內翻（下眼瞼向內翻轉）	帶狗兒前往動物醫院
同上，伴隨有咳嗽 流眼淚，有透明或膿樣分泌物，下眼瞼可能有裂開，結膜紅腫	犬舍咳 眼瞼外翻（下眼瞼向外翻轉）	帶狗兒前往動物醫院
流眼淚，有膿樣分泌物，結膜偏白，會抓眼睛	細菌或病毒性結膜炎	
同上，眼睛週邊脫毛 同上，只有單邊眼睛	毛囊蟲感染 異物進入眼睛，或眼睛受傷	
黏稠、化膿分泌物，眼睛乾燥，結膜發炎紅腫	乾眼症	帶狗兒前往動物醫院
角膜上組織異常生長，呈褐色	角膜翳	帶狗兒前往動物醫院
眼睛變白，狗兒視力受到影響	白內障	帶狗兒前往動物醫院

眼睛問題（續）

病　徵	可能原因	處理方法
狗兒視力惡化，無其他症狀	視網膜病變 漸進性視網膜退化（遺傳性） 柯利牧羊犬眼睛異常	帶狗兒前往動物醫院
眼睛周圍紅色腫塊，年輕狗兒，牛頭犬常見	『櫻桃眼』，第三眼瞼的組織異常增生	可能需要手術，帶狗兒前往動物醫院
在結膜或角膜、眼瞼上的異常帶毛皮膚增生	眼睛皮樣囊腫	帶狗兒前往動物醫院，需要手術
上下眼瞼上異常增生物	眼睛週邊肉芽腫	可能需要手術，帶狗兒前往動物醫院
狗兒閉上一隻眼睛，可能有畏光情形，明顯疼痛，流眼淚	眼睛發炎（葡萄膜炎）	帶狗兒前往動物醫院
同上，眼睛上有明顯的線或點，明顯疼痛，流眼淚	角膜潰瘍	帶狗兒前往動物醫院
第三眼瞼外露	神經傷害	帶狗兒前往動物醫院
頭摩擦物體（頭痛症狀），眼球突出，畏光	肉芽腫（因液體堆積導致眼壓增大，眼球腫脹）	帶狗兒前往動物醫院

肝臟、脾臟、胰臟問題

病　徵	可能原因	處理方法
腹部漲大，可能有黃疸	肝臟腫瘤	帶狗兒前往動物醫院
腹部漲大，異常口渴，牙齦蒼白，嗜睡	脾臟腫瘤導致內出血	帶狗兒前往動物醫院
嘔吐，黃疸，尿液色深，可能腹部痛，無食慾	膽管阻塞（膽結石、膽汁淤積、感染） 膽管狹窄	帶狗兒前往動物醫院
嘔吐，黃疸，下痢，尿中帶血	鉤端螺旋體（參見95頁）	帶狗兒前往動物醫院
精神不佳，嗜睡，發燒，帶血下痢	傳染性肝炎（參見94頁）	帶狗兒前往動物醫院
急性持續嘔吐，發燒，腹部疼痛	胰臟炎。胰臟分泌的消化酶可能逆流回組織本身，造成嚴重發炎和組織破壞。可能造成廣泛性傷害甚至死亡。復原動物可能也會持續性胰臟功能不佳	帶狗兒前往動物醫院

肝臟、脾臟、胰臟問題（續）

病　徵	可能原因	處理方法
被毛乾燥且有皮屑，體重減輕，糞便量大、顏色淺、質軟、味道重；食糞癖（吃自己的糞便）	胰臟外分泌缺陷（EPI），部份或全部分泌消化酶的胰臟細胞消失。消化脂肪有困難，糞便中含有大量水分及未消化脂肪。脂肪酸缺乏導致被毛乾燥且有皮屑。EPI通常是遺傳性的，但有可能在中老年後才出現（在德國牧羊犬上很普遍）	與你的獸醫師諮商，他會採取狗兒的糞便樣本作檢驗。主要的治療方法是服用酵素，尤其是蛋白酶，以藥片或粉末狀服用。食物必須調整成富含維生素以及容易消化的油脂（如椰子或番紅花）
劇渴，易餓，可能有腹部漲大，嗜睡，體重減輕	糖尿病。如果胰臟無法製造足夠的胰島素，就會導致糖尿病發生。血中葡萄糖濃度偏高（特別是在進食後）。這造成葡萄糖從腎臟經由尿液被排出。容易發病的狗種包括：臘腸狗、查理王小獵犬、貴賓犬（所有類型）以及蘇格蘭梗犬	讓你的狗兒接受完整的檢查，包括血液以及尿液檢驗。症狀輕微的狗兒可以藉由調整飲食來控制。大部分的糖尿病病例都可以藉由規律的注射胰島素獲得控制。而這可以在家中自行注射。 如果在兩餐之間長時間或過度運動，那麼再注射胰島素時可能發生低血糖而昏迷。血中原本就不足的血糖濃度會因注射胰島素而更低，導致突然昏倒。處置：經口給予葡萄糖或蜂蜜（身邊隨時攜帶此類食品以防緊急狀況）

神經系統問題

病　徵	可能原因	處理方法
失去平衡感，喪失協調能力	中耳感染 前庭疾病（細菌感染，發炎或腫瘤侵襲前庭） 腦部腫瘤 小腦病變	帶狗兒前往動物醫院
痙攣或抽慉	癲癇（3歲以上狗兒較普遍） 中毒（參見48～49頁） 腦部腫瘤	帶狗兒前往動物醫院

神經系統問題（續）

病　徵	可能原因	處理方法
昏厥、抽慉、頭痛	腦部發炎反應（腦炎） 腦部腦膜發炎（腦膜炎）	**需要緊急處置** 帶狗兒前往動物醫院
虛脫、第三眼瞼外露、四肢僵硬、尾巴伸直、皺眉頭	破傷風感染	帶狗兒前往動物醫院
流口水，可能伴隨其他症狀 流口水，行為改變	中毒（參見48～49頁） 狂犬病（參見95～96頁）	帶狗兒前往動物醫院
不正常的頭部位置（如傾斜），眼球快速移動	中耳疾病 前庭疾病（細菌感染，發炎或腫瘤侵襲前庭） 腦部腫瘤	帶狗兒前往動物醫院
同上，年老狗兒	老狗前庭症候群（疾病侵襲前庭區）	帶狗兒前往動物醫院
步伐搖晃顫抖，站立不穩，特別發生於運動後（容易發生於巴吉度犬、杜賓犬以及大丹犬）	脊髓型頸椎病；由於一塊或多塊畸形的頸椎骨，造成脖子的脊椎瘀傷	早期發現治癒率很高，否則癒後通常狀況很差
頭部移動困難，頸部嚴重疼痛	椎間盤突出	帶狗兒前往動物醫院
下半身無力，可能有急性疼痛	胸部或腰部椎間盤突出	帶狗兒前往動物醫院
運動後虛脫或昏倒	重肌症無力	帶狗兒前往動物醫院
突然昏倒，走路繞圈，身體局部麻痺，眼皮半閉，眼球快速運動	中風	帶狗兒前往動物醫院

狗兒跛行時該怎麼辦？

你可能有辦法處理一些造成跛行的原因，但大部分的問題仍需要獸醫學上的知識跟技術。如果你想試著自己檢查，可以依照下面的條列去幫助你檢查腳部可能出問題的部分，並幫助你對問題的可能性有所了解。

如果發生的情形不明顯，你可以輕柔的觸摸腳部以檢查可能受傷的徵兆。首先檢查腳掌部分，看看是否有割傷或是插入的刺。如果沒有發現任何東西，輕輕的輪流壓每一隻腳掌以檢查是否有疼痛區域。然後開始檢查腳趾，最後輕柔的運動整隻腳。當你做上述檢查時，記得手指壓力的控制並觀察狗兒的反應。當你觸摸到受傷區域時，你的狗兒一定因壓力導致疼痛，而會有所反應。如果要檢查關節的疼痛，慢慢的輪流操作每一個關節。

如果你對於發生的原因有所疑問，或不知道如何做，請聯絡你的獸醫師。

骨骼、關節和肌肉問題

病　徵	可能原因	處理方法
單腳輕微跛行，一處關節伸直或收縮時輕微疼痛	扭傷	用毛巾冷敷，然後使用彈性繃帶保護關節。嚴重扭傷可能會導致關節炎，如果24小時內沒有明顯改善，或是仍有任何疑慮，請聽取獸醫師指示
運動後數小時跛行，發生腳步無法承受體重	肌肉拉傷	休息兩天。溫柔的按摩會有所幫助。如果沒有改善，帶狗兒前往動物醫院
突然跛行，碰觸腳部會哀嚎，趾甲流血	趾甲折斷	帶狗兒前往動物醫院修剪並給予抗生素
突然間跛行，在堅硬地面行走困難，運動時間減少	腳肉墊脫皮	只在較軟的地面上運動。局部使用綿羊油塗抹。使用噴劑硬化腳墊
突然跛行，腳部流血	腳掌割傷	如果相當淺層，以生理食鹽水沖洗。兩星期不要接觸堅硬地面。如果傷口很深，帶狗兒前往動物醫院縫合
在劇烈運動之間或之後突然跛行，並可能有急劇疼痛，肌肉震顫，不願意移動，可能會哀嚎	肌炎。肌肉發生發炎反應與嚴重疼痛，腫脹和移動困難。通常還會因為乳酸堆積於肌肉部位，以及身體急速冷卻（如跳入冷水中）所造成的抽筋。有時會見於比賽過後的靈提後腳。	按摩腳部並保持狗兒溫暖。如果疼痛持續，請與獸醫師諮商
同上，但在蘇格蘭梗犬以及凱恩梗犬常見。狗兒會走小碎步。發生部位包括前腳以及頸部，狗兒無法移動。	蘇格蘭抽筋	讓狗兒休息，此狀況通常會在幾分鐘後好轉。請與你的獸醫師討論此一問題
下顎週邊肌肉腫脹，嘴巴持續張開，狗兒疼痛，進食困難	嗜紅性肌炎。德國牧羊犬特別容易發生。開始時突然發作，並且持續1到3週，發作持續時間隨個體有所差異，可從3週到6個月。之後發作會變得較輕微但次數較頻繁，當發作過後肌肉會更加萎縮。	與獸醫師討論。這是一個疼痛且漸進性的疾病，而且目前並沒有任何有效的治療方法。不過止痛藥跟抗生素可以幫助減輕因為該病造成的疼痛不適

骨骼、關節和肌肉問題（續）

病　徵	可能原因	處理方法
劇烈運動後一隻後腳突然跛行，腳可以觸地但不敢負重	膝蓋前方韌帶斷裂。同樣的情形也可能因滑倒而發生。有些狗兒因為體型大小，比較可以忍受此問題	帶狗兒前往動物醫院，可能需要手術
突然跛行，一隻腳不著地，哀嚎	膝蓋骨脫臼	帶狗兒前往動物醫院
突然跛行，後腳扭轉而疼痛	髖關節脫臼	帶狗兒前往動物醫院
掉落或車禍後突然跛行，腫脹、疼痛、哀嚎	骨折	帶狗兒前往動物醫院
突然跛行，腳部組織腫脹	咬傷	帶狗兒前往動物醫院
「兔子跳」步伐，年輕狗兒	骨盆發育異常，可能為先天或是後天造成。股骨頭沒有正確的嵌入關節窩，所以導致不正常的關節磨損，最後造成關節退化。德國牧羊犬以及拉不拉多犬容易發生此病，不過許多國家的育犬人士都注意此一問題，並且努力消除發生的可能性。	帶狗兒前往動物醫院。這是一個疼痛的情形，而且無法以手術外的方法治療
突然的後肢萎縮，狗兒通常感到疼痛	胸部或腰部區域的椎間盤突出	可能需要獸醫師出診。或是將狗兒固定於木板上限制行動，再帶往動物醫院
起身或坐下有困難，活動時容易感到僵硬 用通常的姿勢排尿有困難	關節炎（退化性關節疾病） 脊椎炎（脊椎間骨骼的異位造成退化性變化）	帶狗兒前往動物醫院 帶狗兒前往動物醫院
起身或坐下有困難，精神不濟，運動無法改善，厭食	脊椎炎（一節或多節的脊椎骨感染） 骨癌，通常是由前列腺癌轉移而來	帶狗兒前往動物醫院 帶狗兒前往動物醫院
一處或多處關節腫脹，狗兒精神不佳，有時有厭食現象，跛行或有嗜睡現象	關節炎（感染或自體免疫引發）	帶狗兒前往動物醫院

常見骨骼、關節和肌肉問題 （續）

病　徵	可能原因	處理方法
位於關節上方的堅硬、疼痛的腫大，隨時間而變大，大型狗種	骨癌 骨髓炎（骨頭感染）	帶狗兒前往動物醫院 帶狗兒前往動物醫院
突然的跛行，頸部疼痛，移動頭部有困難	頸椎椎間盤突出	帶狗兒前往動物醫院
大型狗種的慢性跛行問題（如國德國狼犬或拉不拉多犬）	肘部發育異常（遺傳問題） 關節炎（退化性關節問題）	帶狗兒前往動物醫院

一些常見的皮膚問題

病　徵	可能原因	處理方法
鱗狀皮膚、被毛上可見白色皮屑	姬螯蟎感染（參見105～106頁）	要求獸醫師給予除蟲治療
皮屑集中於頭部與肩膀，可能會發癢，可以看見灰色細小的蟲子	狗蝨（參見105頁）	同上
掉毛，不對稱，無紅腫，無被毛斷裂	荷爾蒙失調	徵求獸醫師的建議
區域無毛，不對稱，無紅腫，無被毛斷裂	換毛過度 食物缺乏脂肪酸	帶狗兒前往動物醫院
掉毛，不對稱，無紅腫，無被毛斷裂，狗兒在皮膚被觸摸時可能會有抓癢的反射動作	過敏反應造成的抓癢自殘現象	帶狗兒前往動物醫院檢查原因
眼睛週遭或是其他區域掉毛，可能會癢，也會出現膿皰	皮膚疥癬蟲	帶狗兒前往動物醫院
發紅腫起的掉毛區域，不發癢	錢癬（黴菌感染）	帶狗兒前往動物醫院
抓癢，皮膚紅腫，油膩，有異味跟皮屑	酵母菌感染	帶狗兒前往動物醫院
抓癢，過度舔咬	對跳蚤、食物或是環境其他因子產生的過敏反應	如果你的除蚤工作已經非常完美，那就帶狗兒前往動物醫院。如果不是，進行除蚤
抓癢，啃腳趾，夏末容易發生	恙蟲病	要求獸醫師給予除蟲治療
抓癢，啃腳趾，肘部四肢末端發生掉毛	疥癬蟲	帶狗兒前往動物醫院
抓癢，過度舔咬，腹部以及大腿內側皮膚發疹	接觸性過敏 跳蚤過敏	帶狗兒前往動物醫院

皮膚問題（續）

病　　徵	可能原因	處理方法
抓癢，舔咬，區域發炎有膿甚至出血	膿皮症（深層細菌感染）	帶狗兒前往動物醫院
皮膚小腫塊，不痛	脂肪瘤（脂肪組織腫瘤） 血腫（血液積存腫起） 皮膚腫瘤 脂肪囊腫	均需帶狗兒前往動物醫院
皮膚小腫塊，不痛	膿腫	帶狗兒前往動物醫院
嘴唇及四肢週邊的持續性皮膚傷害，不癢	自體免疫問題	帶狗兒前往動物醫院

一些泌尿系統的病徵

病　　徵	可能原因	處理方法
嘔吐，腹部疼痛，用力，有口臭，尿中帶血	急性腎臟疾病（腎臟炎）	**需要立即處理** 馬上帶狗兒前往動物醫院
劇渴，口臭，排尿量大，口腔潰瘍，體重減輕，貧血	慢性腎臟疾病(腎臟炎)，可能肇因於感染，慢性退行性變化，或是遺傳缺陷	測量並紀錄狗兒一整天下來的飲水量。用乾淨的容器收集狗兒尿液樣本，並交由受醫師分析
年輕狗兒，劇渴，尿顏色偏淡	腎小管疾病（遺傳）	採取部分尿液，帶狗兒前往動物醫院
尿液氣味重，可能帶血，頻尿或是持續滴尿，常去舔尿道出口	因細菌或結石造成的膀胱感染（膀胱炎）	同上採取部分尿液，帶狗兒前往動物醫院
持續性滴尿（尿失禁） 同上，公狗 同上，母狗	神經問題或荷爾蒙問題造成之擴約肌鬆弛 前列腺問題 年老	帶狗兒前往動物醫院
公狗，排尿時用力，可能有嘔吐現象	尿路阻塞，可能因膀胱結石造成	**需要立即處理** 馬上帶狗兒前往動物醫院

血液及循環系統問題

病　徵	可能原因	處理方法
不耐運動，可能嗜睡，虛弱，甚至昏倒。幼犬或年輕成犬 同上，任何年齡 同上，任何年齡	先天的不全造成血液跳過肺臟流進心臟 心臟瓣膜缺損，造成血液透過瓣膜回流，形成心因性貧血	帶狗兒前往動物醫院
咳嗽	鬱血性心衰竭（慢性心臟疾病） 心臟腫瘤 心絲蟲（參見101～102頁）	帶狗兒前往動物醫院
呼吸不正常	貧血 心臟衰竭造成肺部鬱血 Warfarin中毒	帶狗兒前往動物醫院
舌頭及牙齦泛白甚至泛紫	心臟功能不全 溶血性貧血（紅血球之不正常破壞） Warfarin中毒 凝血功能異常	帶狗兒前往動物醫院
黃疸（牙齦及眼白部分泛黃）	溶血性貧血（紅血球之不正常破壞） 繼發性肝感染	帶狗兒前往動物醫院
腹部緊繃	心臟衰竭造成之腹部積水	帶狗兒前往動物醫院

用力呼吸

如果狗兒呼吸十分用力，或是任何可能相關的動作，馬上帶狗兒前往動物醫院

**這是一個
緊急狀況**

呼吸系統問題

病　徵	可能原因	處理方法
流鼻水，鼻分泌物清澈	細菌或病毒感染，花粉過敏，花草種子物入鼻內，腫瘤	如果持續，帶狗兒前往動物醫院
流鼻水，單側或雙側鼻孔有膿樣分泌物	細菌或黴菌感染 Molar abscess	帶狗兒前往動物醫院
鼻子皮膚乾硬 鼻子紅腫，外皮變硬	鋅缺乏 花粉過敏 日曬 花粉過敏	帶狗兒前往動物醫院 如果鼻子紅腫疼痛，暫時不要接受日曬，或塗抹防曬油，如果問題沒有消退，帶狗兒前往動物醫院

呼吸系統問題（續）

病　徵	可能原因	處理方法
呼吸音吵雜，短吻狗種（特別在騎士查理王獵犬）	軟顎伸長。為遺傳性缺陷，該部位遮蔽了部分咽喉，導致呼吸時鼻音很重	帶狗兒前往動物醫院評估
呼吸音吵雜，任何狗種。吠叫聲音可能也有所改變	咽喉問題（咽喉炎）	帶狗兒前往動物醫院
窒息，短吻狗種	軟顎伸長導致呼吸道完全阻塞	**需要做緊急處置**。打開嘴巴，使頭頸伸直，將舌頭拉出嘴外並輕壓胸部促使狗兒呼吸
窒息，任何狗種	喉部異物阻塞呼吸道	嘗試移除阻塞物，盡快就醫
快速呼吸	肺炎 心臟問題 過敏性氣喘 阿斯匹靈中毒 腸內寄生蟲幼蟲穿過肺部	帶狗兒前往動物醫院
同上，伴有牙齦蒼白	內出血或外出血 Warfarin中毒	**需要做緊急處置**。帶狗兒前往動物醫院
與呼吸有關的腹部運動	橫膈膜赫尼亞（外傷造成橫膈膜破裂） 氣胸（空氣進入胸腔，通常為外傷造成） 因抗凝血毒物（如老鼠藥）造成之血胸（血液流入胸腔） 外傷造成之肋骨肺部傷害	帶狗兒前往動物醫院評估
鼻子流血	外傷 鼻內異物 凝血機制問題 毒囓齒類用的藥物（如Warfarin） 腫瘤	暫時用冰袋（或一袋冷凍蔬菜）放置鼻子上方冰敷，如果出血持續，帶狗兒前往動物醫院 帶狗兒前往動物醫院
輕微，偶發性咳嗽	氣管炎、過敏或是心臟問題	帶狗兒前往動物醫院
經常性的輕咳，最近有發生過意外	氣胸（空氣進入胸腔）	帶狗兒前往動物醫院
經常咳嗽，呼吸音有如鴨子叫	氣管塌陷	帶狗兒前往動物醫院，通常需要手術
持續性咳嗽，並導致噁心嘔吐，口吐白沫	犬舍咳或喉嚨有異物	帶狗兒前往動物醫院
經常咳嗽，呼吸音粗大，有膿樣鼻分泌物，狗兒有病容	犬瘟熱	帶狗兒前往動物醫院

動情週期的各個階段與持續時間

發情前期	發情期	發情後期	發情間期
陰部腫大，有帶血分泌物 母狗會吸引公狗前來，但不會允許交配	陰部明顯漲大，分泌物偏向褐色。母狗會接受交配，排卵發生在發情期開始約兩天後	發生在沒有交配的母狗。沒有外在的徵兆。 內分泌仍轉變進入懷孕期 發情期過後6到8週，母狗有可能會出現子宮蓄膿的病徵（見下方表格） 在發情期過後8到9週，母狗有可能仍呈現「假懷孕」的跡象	不表現出性徵
時間長度不一 平均約9天	時間長度不一 平均約9天	時間長度不一 平均約90天	時間長度不一 平均約90天

母狗生殖系統的一些病徵

病　徵	可能原因	處理方法
乳白色陰部分泌物，年輕幼犬	幼犬陰道炎（陰道輕微的發炎）	通常會自行痊癒。如有所懷疑，帶狗兒前往動物醫院
動情週期結束後仍有持續性的稀薄、淡紅色分泌物	卵巢囊腫	帶狗兒前往動物醫院
劇渴，食慾降低，嘔吐，腹部用力，陰部分泌物，動情週期結束後6到8週	子宮蓄膿（子宮角內液體堆積）通常為荷爾蒙不平衡造成	**需要緊急處理**，帶狗兒前往動物醫院可能需要外科手術摘除子宮和卵巢
乳房漲大，不痛 乳房漲大，疼痛，發炎紅腫	乳房腫瘤。不一定為惡性 乳房炎	帶狗兒前往動物醫院
未懷孕卻有乳汁分泌，母狗會有「築巢」跟保護玩具的行為，有頻尿及／或精神緊張	假懷孕。60%左右未結紮母狗可能發生。如發生過一次，每次動情週期都很有可能再發生	增加運動與玩耍使其分心。移走玩具。如果3週後仍持續，聯絡獸醫師。可能需要荷爾蒙治療
生產1到2週後嗜睡，缺乏食慾現象。陰部可能有膿樣分泌物	子宮角感染發炎（子宮炎）	帶狗兒前往動物醫院，須抗生素治療，或者母狗可能需要結紮

公狗生殖系統的一些病徵

病　徵	可能原因	處理方法
包皮分泌膿樣分泌物	包皮炎（包皮內部細菌感染）	每天用棉布沾冷開水擦拭患部。如果五天後分泌物仍存在，可能需要抗生素治療
睪丸腫大，可能有對稱性脫毛	睪丸腫瘤	帶狗兒前往動物醫院評估
噴尿，尿中帶血，排便用力	前列腺問題（腫瘤、膿腫、腫大），老狗常見	帶狗兒前往動物醫院評估

索 引

Metropolitan Culture Enterprise Co., Ltd.

4F-9, Double Hero Bldg., 432, Keelung Rd., Sec. 1,
TAIPEI 110, TAIWAN

Tel:+886-2-2723-5216   Fax:+886-2-2723-5220

e-mail:metro@ms21.hinet.net

作　　者：葛拉漢・米道斯（Graham Meadows）
　　　　　艾爾莎・弗林特（Elsa Flint）

譯　　者：陳文裕

發 行 人：林敬彬

總 編 輯：蕭順涵

編　　輯：林嘉君、蔡佳淇

內文編排：像素設計劉濬安

出　　版：大都會文化 行政院新聞局北市業字第89號

發　　行：大都會文化事業有限公司

　　　　　110台北市信義區基隆路一段432號4樓之9

　　　　　讀者服務專線：（02）27235216

　　　　　讀者服務傳真：（02）27235220

　　　　　電子郵件信箱：metro@ms21.hinet.net

郵政劃撥：14050529　大都會文化事業有限公司

出版日期：2006年3月平裝版初版第一刷

定　　價：250元

I S B N：986-7651-54-5

書　　號：Pets-008

Printed in Taiwan

國家圖書館出版品預行編目資料

養狗寶典 / 葛拉漢.米道斯(Graham Meadows),
艾爾莎.弗林特(Elsa Flint)作；陳文裕譯.
-- 初版. -- 臺北市：大都會文化，2006[民
95]
　　面；　公分. -- (Pet；8)
　　譯自：The dog owner handbook
　　ISBN 986-7651-54-5(平裝)

　　1. 犬 - 飼養

437.664   94020095